普通高等职业教育计算机系列教材

用微课学
计算机网络基础

黄林国　主　编

黄　倩　娄淑敏　王如美　副主编

U0282306

电子工业出版社·

Publishing House of Electronics Industry

北京·BEIJING

内 容 简 介

本书全面系统地介绍了计算机网络的基本概念和基本原理,共 12 章,以 Windows 7 和 Windows Server 2008 操作系统为平台,内容包括计算机网络概述、局域网技术基础、IP 地址与子网划分、虚拟局域网技术、网络互联技术、常用网络命令、无线局域网技术、互联网接入技术、网络操作系统、常见网络服务、防火墙技术、VPN 技术等。每章都包含技能实训,便于读者操作并提升技能。

本书可作为应用型本科、高职、高专、成人高校计算机相关专业和非计算机专业"计算机网络基础"课程的教材,也可作为计算机从业人员和计算机网络爱好者的参考用书。

未经许可,不得以任何方式复制或抄袭本书之部分或全部内容。

版权所有,侵权必究。

图书在版编目(CIP)数据

用微课学计算机网络基础 / 黄林国主编. —北京:电子工业出版社,2020.1
普通高等职业教育计算机系列规划教材

ISBN 978-7-121-38087-7

Ⅰ. ①用… Ⅱ. ①黄… Ⅲ. ①计算机网络—高等职业教育—教材 Ⅳ. ①TP393

中国版本图书馆 CIP 数据核字(2019)第 251864 号

责任编辑:徐建军　　　　文字编辑:田　恬
特约编辑:田学清
印　　刷:三河市君旺印务有限公司
装　　订:三河市君旺印务有限公司
出版发行:电子工业出版社
　　　　　北京市海淀区万寿路 173 信箱　　邮编:100036
开　　本:787×1 092　1/16　印张:16.5　　字数:465 千字
版　　次:2020 年 1 月第 1 版
印　　次:2021 年 6 月第 4 次印刷
印　　数:1 000 册　定价:48.00 元

凡所购买电子工业出版社图书有缺损问题,请向购买书店调换。若书店售缺,请与本社发行部联系,联系及邮购电话:(010)88254888,88258888。

质量投诉请发邮件至 zlts@phei.com.cn,盗版侵权举报请发邮件至 dbqq@phei.com.cn。

本书咨询联系方式:(010)88254570,xujj@phei.com.cn。

前　言

　　计算机网络是计算机技术和通信技术密切结合的产物，代表了当代计算机发展的一个极其重要的方向，涉及计算机硬件、软件、网络体系结构和通信技术等内容。计算机网络已经渗透到了现代社会的方方面面，并以一种前所未有的方式改变着人们的生活方式。与此同时，社会对网络人才的需求也越来越迫切，要求越来越多的人掌握计算机网络技术的基础知识。因此，"计算机网络基础"已经成为当代大学生的一门重要课程。为了更好地满足面向工程应用型计算机人才培养的需求，编者结合近几年的教学改革实践编写了本书。

　　本书全面系统地介绍了计算机网络的基本概念和基本原理，共 12 章，以 Windows 7 和 Windows Server 2008 操作系统为平台，内容包括计算机网络概述、局域网技术基础、IP 地址与子网划分、虚拟局域网技术、网络互联技术、常用网络命令、无线局域网技术、互联网接入技术、网络操作系统、常见网络服务、防火墙技术、VPN 技术等。每章都包含技能实训，便于读者操作及提升技能。

　　本书由黄林国担任主编，由黄倩、娄淑敏、王如美担任副主编，由林晋主审，全书由黄林国统稿。

　　为了便于读者学习，本书包含学习视频，读者扫描书中相应的二维码，便可以用微课方式进行在线学习。编者为本书配备了电子课件等教学资源，读者可以在华信教育资源网（www.hxedu.com.cn）注册后免费下载。如有其他问题，可在网站留言板留言或与电子工业出版社联系（E-mail：hxedu@phei.com.cn）。

　　由于时间仓促，以及编者的学识和水平有限，书中难免存在不足之处，敬请广大读者不吝指正。

编　者

目　录

第1章

计算机网络概述

学习目标

（1）了解计算机网络的发展、功能与分类。
（2）掌握计算机网络的组成、体系结构、网络拓扑结构。
（3）掌握直通线和交叉线的制作方法。
（4）掌握双机互连对等网络的组建方法。

1.1 计算机网络的发展、功能与分类

计算机网络是现代高科技的重要组成部分，是计算机技术与通信技术相结合的产物。计算机网络出现的时间并不长，但发展很快，经历了一个从简单到复杂、从低级到高级的过程，计算机网络的发展经历了 4 个阶段。

1.1.1 计算机网络的发展

1．面向终端的计算机网络——以数据通信为主

20 世纪 50 年代末期，由一台中央主机通过通信线路连接在地理上分散的大量终端，构成面向终端的计算机网络，如图 1-1 所示。终端分时访问中心计算机的资源，中心计算机将处理结果返回终端。

2．面向通信的计算机网络——以资源共享为主

由美国国防部高级研究计划署（Advanced Research Projects Agency，ARPA）研究组建的 ARPAnet 是世界上第一个真正意义上的计算机网络。ARPAnet 当时只连接了 4 台主机，每台主机都具有自主处理能力，彼此之间不存在主从关系，相互共享资源。ARPAnet 是计算机网络技术发展的一个里程碑，对计算机网络技术的发展做出的突出贡献主要表现在以下 3个方面。

（1）采用资源子网与通信子网组成两级网络结构，如图 1-2 所示。通信子网负责全部网络的通信工作，资源子网由各类主机、终端、软件、数据库等组成。

（2）采用报文分组交换方式。

（3）采用层次结构的网络协议。

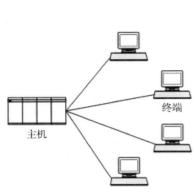

图 1-1 面向终端的计算机网络　　　图 1-2 资源子网与通信子网组成两级网络结构

3．面向应用的计算机网络——体系标准化

20 世纪 70 年代中期，局域网得到了迅速发展。美国 Xerox、DEC 和 Intel 公司推出了以 CSMA/CD 介质访问技术为基础的以太网（Ethernet）产品，其他大型公司也纷纷推出自己的产品，如 IBM 公司推出了 SNA（System Network Architecture，系统网络体系结构），但各家公司的网络产品在技术、结构等方面存在很大差异，没有统一的标准，彼此之间不能互联，从而造成不同网络之间存在信息传递障碍。为了统一标准，1984 年由国际标准化组织（ISO）制定了一种统一的分层方案——OSI（Open System Interconnection，开放系统互联）参考模型，将网络体系结构分为 7 层。

4．面向未来的计算机网络——以 Internet 为核心的高速计算机网络

OSI 参考模型为计算机网络提供了统一的分层方案，但世界上没有任何一个网络是完全按照 OSI 参考模型组建的，这固然与 OSI 参考模型的 7 层分层设计过于复杂有关，更重要的原因是 OSI 参考模型提出时，已经有很多网络使用 TCP/IP 协议的分层模式加入 ARPAnet，并使其规模不断扩大，最终形成了世界范围的互联网——Internet。所以，Internet 就是在 ARPAnet 的基础上发展起来的，并且一直沿用 TCP/IP 协议的 4 层分层模式。Internet 的大发展始于 20 世纪 90 年代，1993 年美国宣布了国家信息基础设施建设计划（NII，信息高速公路计划），促使 Internet 呈爆炸式发展，也使计算机网络进入高速化的互联阶段。

Internet 是覆盖全球的信息基础设施之一，用户可以利用 Internet 实现全球范围的信息传输、信息查询、电子邮件、语音与图像通信服务等功能。ARPAnet 与分组交换技术的发展为互联网的诞生奠定了基础。

1991 年 6 月，我国建成第一条与国际互联网连接的专线，从中国科学院高能物理研究所一直到斯坦福大学直线加速器中心。直到 1994 年，我国才实现采用 TCP/IP 协议的国际互联网的功能连接，可以通过四大主干网（中国科技网 CSTNET、中国教育科研网 CERNET、中国公用信息网 CHINANET、中国金桥信息网 CHINAGBN）接入 Internet。

1.1.2 计算机网络的功能

计算机网络是将地理上分散且具有独立功能的计算机通过通信设备及传输媒体连接起来，在通信软件的支持下，实现计算机间资源共享、信息交换或协同工作的系统。

计算机网络的功能主要包括以下几方面。

（1）数据通信。利用计算机网络可以实现各地各计算机之间快速可靠地互相传送数据，进行信息处理。数据通信是计算机网络最基本的功能。

（2）资源共享。"资源"是指网络中所有的硬件、软件和数据资源；"共享"是指网络中的所有用户能够部分或全部地享用这些资源。

（3）分布式处理。计算机网络的组建，使原来一台计算机无法处理的大型任务，可以通过多台计算机共同完成。也可以将一些大型任务分解成多个小型任务，然后由网络上的多台计算机协同工作、分布式处理。

（4）综合信息服务。计算机网络的发展使应用日益多元化，即在一套系统上提供集成的信息服务，包括来自社会、政治、经济等各方面的资源，甚至还提供多媒体信息，如图像、语音、动画等。在多元化发展的趋势下，许多网络应用形式不断涌现，如电子邮件、网上交易、视频点播、联机会议、微信、微博等。

1.1.3 计算机网络的分类

计算机网络的分类方式有很多种，如可以根据网络的覆盖范围、拓扑结构、应用协议、传输介质、数据交换方式等进行分类。按网络的覆盖范围可以将计算机网络分为局域网、城域网、广域网等；按拓扑结构可以将计算机网络分为星形网、总线型网、环形网、树形网、网状网等；按传播方式可以将计算机网络分为点对点传输网络和广播式传输网络等。

（1）局域网（Local Area Network，LAN）：在小范围内将两台或多台计算机连接起来所构成的网络，如网吧、机房等。局域网一般位于一个建筑物或一个单位内，它的特点是连接范围窄、用户数少、配置容易、连接速率快、可靠性高。局域网的传输速率为 100Mbps～1000Mbps，目前局域网的最快传输速率可达到 10Gbps。从介质访问控制方法角度，可以将局域网分为共享式局域网和交换式局域网。

（2）城域网（Metropolitan Area Network，MAN）：介于广域网与局域网之间的一种高速网络，传输距离通常为几千米到几十千米，覆盖范围通常是一座城市。城域网的设计目标是满足多个局域网互联的需求，以实现大量用户之间关于数据、语音、图形与视频等信息的传输。早期的城域网产品主要是光纤分布式数据接口（Fiber Distributed Data Interface，FDDI）。目前的城域网建设方案有以下几个共同点：传输介质采用光纤，交换节点采用基于 IP 地址交换的高速路由交换机或 ATM 交换机，在体系结构上采用核心交换层、业务汇聚层与接入层的 3 层模式。

（3）广域网（Wide Area Network，WAN）：覆盖范围从几十千米到几千千米甚至全球，可以把众多的局域网连接起来，具有规模大、传输延迟时间长等特点。最广为人知的广域网就是 Internet，虽然它的传输速率相对于局域网要低得多，但其优点也是非常明显的，即信息量大、传播范围广。因为广域网很复杂，所以其实现技术在所有网络中也是最复杂的。根据逻辑功能可将广域网分为通信子网和资源子网。通信子网采用分组交换技术，利用公用分组交换网、卫星通信网和无线分组交换网实现网络互联。资源子网负责全网的数据处理，向网络用户提供各种网络资源与网络服务，主要包括主机和终端。

1.2 计算机网络的组成

计算机网络的硬件系统通常由服务器、工作站、传输介质、网卡、路由器、集线器、中继器、调制解调器等组成，下面对服务器、工作站、传输介质、网卡进行介绍。

1. 服务器

服务器（Server）是网络运行、管理和提供服务的中枢，会影响网络的整体性能，在大型网络中一般采用大型机、中型机或小型机作为网络服务器；对于网点不多、网络通信量不大、数据安全要求不高的网络，可以选用高档微型计算机作为网络服务器。

服务器按提供的服务被冠以不同的名称，如数据库服务器、邮件服务器、打印服务器、WWW 服务器、文件服务器等。

2. 工作站

工作站（Workstation）也称客户机（Client），由服务器进行管理和提供服务的、连入网络的任何计算机都属于工作站，其性能一般低于服务器。个人计算机接入 Internet 后，在获取 Internet 服务的同时，其本身就成为 Internet 的一台工作站。

服务器或工作站中一般都安装了网络操作系统，网络操作系统除具有通用操作系统的功能外，还应具有网络支持功能，可以管理整个网络的资源。常见的网络操作系统主要有 Windows、UNIX、Linux 等。

3. 传输介质

传输介质是网络中信息传输的物理通道，通常分为有线网络和无线网络。

- 在有线网络中计算机通过光纤、双绞线、同轴电缆等传输介质连接。
- 在无线网络中计算机通过无线电、微波、红外线、激光和卫星信道等无线介质进行连接。

（1）光纤。光纤（见图 1-3）又称为光缆，具有很高的带宽，是目前常用的传输介质。光纤是由许多细如发丝的玻璃纤维外加绝缘护套组成的，光束在玻璃纤维内传输，具有防电磁干扰、传输稳定可靠、传输带宽高等特点，适用于高速网络和骨干网。利用光纤连接网络，各端必须连接光/电转换器，另外还需要配置其他辅助设备。

图 1-3　光纤

光纤分为单模光纤和多模光纤两种（所谓"模"就是指以一定的角度进入光纤的一束光线）。

- 在单模光纤中，芯的直径一般为 9μm 或 10μm，使用激光作为光源，并且只允许一束光线穿过光纤，定向性强，传递数据质量高，传输距离可达 100km，通常用于长途干线传输及城域网建设等。
- 在多模光纤中，芯的直径一般是 50μm 或 62.5μm，使用发光二极管作为光源，允许多束光线同时穿过光纤，定向性差，最大传输距离为 2km，一般用于距离相对较近的区域内的网络连接。

（2）双绞线。双绞线（俗称网线）是布线工程中最常用的一种传输介质，由不同颜色的 4 对 8 根芯线（每根芯线加绝缘层）组成，每两根芯线按一定规则交织在一起（为了降低信号之间的相互干扰），成为一个芯线对。双绞线可分为非屏蔽双绞线（Unshielded Twisted Pair，UTP）和屏蔽双绞线（Shielded Twisted Pair，STP），如图 1-4 所示。日常生活中人们接触的大多是非屏蔽双绞线，其最大传输距离为 100m。

使用双绞线组网时，双绞线和其他设备连接必须使用 RJ-45 接头（俗称水晶头），如图 1-5 所示。

图 1-4　非屏蔽双绞线和屏蔽双绞线　　　　图 1-5　RJ-45 水晶头

RJ-45 水晶头中的线序有两种标准：EIA/TIA 568A 和 EIA/TIA 568B，如图 1-6 所示。

① EIA/TIA 568A 标准：绿白-1、绿-2、橙白-3、蓝-4、蓝白-5、橙-6、棕白-7、棕-8。

② EIA/TIA 568B 标准：橙白-1、橙-2、绿白-3、蓝-4、蓝白-5、绿-6、棕白-7、棕-8。

（a）EIA/TIA 568A 标准　　　　　（b）EIA/TIA 568B 标准

图 1-6　EIA/TIA 568A 标准和 EIA/TIA 568B 标准

在双绞线中，直接参与通信的导线是线序为 1、2、3、6 的 4 根线。其中，1 和 2 负责发送数据；3 和 6 负责接收数据。

针对应用场合的不同，可将双绞线分为两种：直通双绞线（以下简称直通线）和交叉双绞线（以下简称交叉线）。

① 直通线：也称直连线，如图 1-7 所示，是指双绞线两端线序都为 EIA/TIA 568A 标准或 EIA/TIA 568B 标准，用于连接不同种类的设备。

② 交叉线：如图 1-8 所示，双绞线一端线序为 EIA/TIA 568A 标准，另一端线序为 EIA/TIA 568B 标准，用于连接相同种类的设备。

图 1-7　直通线导线分布　　　　　　　　　图 1-8　交叉线导线分布

直通线和交叉线的应用如表 1-1 所示。新型的交换机已不再需要区分 Uplink 口和普通口，交换机级联时直接使用直通线。

表 1-1　直通线和交叉线的应用

应　　　用	方　　式	
	直　通　线	交　叉　线
网卡对网卡		√
网卡对集线器	√	
网卡对交换机	√	
集线器对集线器（普通口）		√
交换机对交换机（普通口）		√
交换机对集线器（Uplink 口）	√	

（3）同轴电缆。同轴电缆有粗缆和细缆之分，在日常生活中具有广泛应用，如有线电视网中使用的就是粗缆。不论是粗缆还是细缆，其中央都是一根铜线，外面包有绝缘层。同轴电缆（见图 1-9）由中心铜线、绝缘层以及绝缘层外的金属屏蔽网和最外层的塑料封套组成，这种结构的金属屏蔽网可防止中心铜线向外辐射电磁场，也可用来防止外界电磁场干扰中心铜线中的信号。

4．网卡

网卡也称为网络适配器（见图 1-10），是计算机网络中重要的连接设备，计算机主要通过网卡连接网络。另外，网卡负责在计算机和网络之间实现双向数据传输。每块网卡均有唯一的 48 位二进制网卡地址（MAC 地址），如 00-23-5A-69-7A-3D（十六进制）。

图 1-9　同轴电缆　　　　　　　　　　　图 1-10　网卡

1.3　计算机网络体系结构概述

1.3.1　计算机网络协议

在计算机网络中，为了实现计算机之间正确的数据交换，必须制定一系列有关数据传输顺序、信息格式和信息内容等方面的约定，这些规则、标准或约定称为计算机网络协议（Protocol）。计算机网络协议一般至少包括 3 个要素。

（1）语法：规定用户数据与控制信息的结构和格式。

（2）语义：规定需要发出何种控制信息，以及完成的动作与做出的响应。

（3）时序：规定对事件实现顺序控制的时间。

1.3.2　计算机网络体系结构

在计算机网络诞生之初，每个计算机厂商都有一套自己的网络体系结构，它们之间互不相容。为此，国际标准化组织（ISO）于 1979 年建立了一个分委员会专门研究一种用于开放系统互联的体系结构，即 OSI。"开放"表示：只要遵循 OSI 标准，一个系统就可以和位于世界上任何地方的、也遵循 OSI 标准的其他任何系统进行连接。这个分委员会提出了开放系统互联参考模型，即 OSI 参考模型（OSI/RM），该参考模型定义了异质系统互联的标准框架。OSI 参考模型分为 7 层，从下往上分别是物理层、数据链路层、网络层、传输层、会话层、表示层和应用层，如图 1-11 所示。

图 1-11　OSI 参考模型

计算机网络体系结构是计算机网络层次模型和各层次协议的集合。计算机网络体系结构是抽象的，多采用层次结构；而计算机网络体系结构的实现是具体的，是指能够运行的一些硬件和软件。计算机网络体系结构采用层次结构主要包括以下几方面优点。

- 各层之间相互独立。
- 灵活性好。
- 各层都可以采用最合适的技术来实现。
- 易于实现维护。
- 有利于促进标准化。

划分层次的原则主要包括以下几点。

- 网络中各节点都有相同的层次。

- 不同节点的同等层具有相同的功能。
- 同一节点内相邻层之间通过接口通信。
- 每一层使用下层提供的服务，并向其上层提供服务。
- 不同节点的同等层按照协议实现对等层之间的通信。

OSI 参考模型各层次的主要功能如表 1-2 所示。

表 1-2　OSI 参考模型各层次的主要功能

层　　次	数 据 格 式	主 要 功 能	典 型 设 备
应用层	数据报文	为应用程序提供网络服务	
表示层	数据报文	数据表示、数据安全、数据压缩	
会话层	数据报文	建立、管理和终止会话	
传输层	数据报文	提供端到端连接	
网络层	数据包（分组）	确定地址、路径选择（路由）	路由器
数据链路层	数据帧	介质访问（接入）	网桥、交换机、网卡
物理层	比特流	二进制数据流传输	光纤、同轴电缆、双绞线、中继器和集线器

（1）物理层。物理层是整个 OSI 参考模型的最低层，它的任务是提供网络的物理连接。所以，物理层是建立在物理介质上的（而不是逻辑上的协议和会话），提供的是机械和电气接口，使原始的数据比特（Bit）流能在物理介质上传输。

（2）数据链路层。数据链路层分为介质访问控制（Media Access Control，MAC）子层和逻辑链路控制（Logical Link Control，LLC）子层，在物理层提供比特流传输服务的基础上，传送以帧为单位的数据。数据链路层的主要作用是通过校验、确认和反馈重发等手段，将不可靠的物理链路改造成对网络层来说无差错的数据链路。数据链路层还要协调收发双方的数据传输速率，即进行流量控制，以防止接收方因来不及处理发送方传送的高速数据而出现缓冲区溢出及线路阻塞等问题。

（3）网络层。网络层负责由一个站到另一个站的路径选择，解决的是网络与网络之间（即网际）的通信问题，而不是同一网段内部的通信问题。网络层的主要功能是提供路由，即选择到达目的主机的最佳路径，并沿该路径传送数据包（分组）。此外，网络层还具有控制流量和控制拥挤的能力。

（4）传输层。传输层负责完成两个站之间数据的传送。当两个站已确定建立了联系后，传输层负责监督，以确保数据能正确无误地传送，提供可靠的端到端数据传输功能。

（5）会话层。会话层主要负责控制每一站究竟什么时间可以传送与接收数据。例如，如果有许多使用者同时进行传送与接收消息,此时会话层的任务就是确定在接收消息或发送消息时不会发生"碰撞"。

（6）表示层。表示层负责将数据转换成使用者可以看得懂的、有意义的内容，包括格式转换、数据加密与解密、数据压缩与恢复等功能。

（7）应用层。应用层负责为软件提供接口以使程序能够使用网络服务。应用层协议包括Telnet、FTP、HTTP、SNMP、DNS 等。

1.3.3　OSI 参考模型的通信模型

OSI 参考模型的通信模型结构如图 1-12 所示,它描述了 OSI 参考模型的通信环境。OSI 参考模型描述的范围包括联网计算机系统中的应用层到物理层的 7 层与通信子网,即图中虚线所连接的范围。

图 1-12　OSI 参考模型的通信模型结构

在图 1-12 中,系统 A 和系统 B 在接入计算机网络之前,不需要有实现从应用层到物理层的 7 层功能的硬件与软件。如果它们希望接入计算机网络,则必须增加相应的硬件和软件。通常物理层、数据链路层和网络层大部分可以由硬件方式实现,而高层(传输层、会话层、表示层和应用层)基本通过软件方式实现。

例如,如果系统 A 要与系统 B 交换数据,系统 A 首先调用实现应用层功能的软件模块,将系统 A 的交换数据请求传送到表示层,再向会话层传送,直至物理层。物理层通过传输介质连接系统 A 与中间节点的通信控制处理机(路由器、交换机等),将数据传送到通信控制处理机。通信控制处理机的物理层接收到系统 A 的数据后,通过数据链路层检查是否存在传输错误,若无错误,通信控制处理机就通过网络层确定下面应该将数据传送到哪一个中间节点。若通过路径选择,确定下一个中间节点的通信控制处理机,则将数据从上一个中间节点传送到下一个中间节点。下一个中间节点的通信控制处理机采用相同的方法将数据传送到系统 B,系统 B 将接收到的数据从物理层逐层向高一层传送,直至系统 B 的应用层。

1.3.4　OSI 参考模型的数据传输过程

数据在网络中传送时,在发送方和接收方之间有一个封装与解封装的过程,如图 1-13 所示。

图 1-13　数据的封装与解封装

（1）当计算机 A 的应用进程 A 的数据传送到应用层时，应用层为数据加上本层控制报头后，组成应用层的服务数据单元，然后传输到表示层。

（2）表示层接收到这个数据单元后，加上本层的控制报头，组成表示层的服务数据单元，再传送给会话层，以此类推，数据被传送到传输层。

（3）传输层接收到这个数据单元后，加上本层的控制报头，就构成了传输层的服务数据单元，它被称为报文（Message）。

（4）传输层的报文传送到网络层时，由于网络层数据单元的长度限制，传输层长报文将被分成多个较短的数据段，加上网络层的控制报头，就构成了网络层的服务数据单元，它被称为分组（Packet）。

（5）网络层的分组传送到数据链路层时，加上数据链路层的控制信息（帧头和帧尾），就构成了数据链路层的服务数据单元，它被称为帧（Frame）。

（6）数据链路层的帧传送到物理层后，物理层将以比特流的方式通过传输介质传输出去。

当比特流到达目的节点计算机 B 时，再从物理层逐层上传，每层对各层的控制报头进行处理后，将用户数据上交给上一层，最后将计算机 A 的应用进程 A 的数据传送给计算机 B 的应用进程 B。

尽管应用进程 A 的数据在 OSI 环境中经过复杂的处理过程才能传送到计算机 B 的应用进程 B，但对于每台计算机的应用进程而言，OSI 环境中数据流的复杂处理过程是透明的。应用进程 A 的数据好像是"直接"传送给应用进程 B 的，这就是开放系统在网络通信过程中最本质的作用。

1.3.5　TCP/IP 模型

建立 OSI 体系结构的初衷是希望为网络通信提供一种统一的国际标准，然而其固有的复杂性等缺点制约了它的实际应用。一般而言，由于 OSI 体系结构具有概念清晰等优点，所以主要适用于教学研究。

ARPAnet 最初开发的网络协议被用在通信可靠性较差的通信子网中，并且出现了很多问题，这就推动了新的网络协议 TCP/IP 的诞生。虽然 TCP/IP 协议不是 OSI 标准，但它是目前最流行的商业化的网络协议，并且被公认为当前的工业标准或"事实上的标准"。

TCP/IP 协议具有以下几方面特点。

- 开放的协议标准，可以免费使用，并且独立于特定的计算机硬件与操作系统。
- 独立于特定的网络硬件，可以运行在局域网、广域网中，更适用于互联网中。
- 统一的网络地址分配方案，可以使整个 TCP/IP 设备在网络中都具有唯一的地址。
- 标准化的高层协议，可以提供多种可靠的服务。

TCP/IP 模型分为 4 层：网络接口层、网络层、传输层和应用层。OSI 参考模型与 TCP/IP 模型的对应关系如表 1-3 所示。

表 1-3　OSI 参考模型与 TCP/IP 模型的对应关系

OSI 参考模型	TCP/IP 模型	TCP/IP 常用协议
应用层	应用层	DNS、HTTP、SMTP、POP、Telnet、FTP、NFS
表示层		
会话层		
传输层	传输层	TCP、UDP
网络层	网络层	IP、ICMP、IGMP、ARP、RARP
数据链路层	网络接口层	Ethernet、ATM、FDDI、ISDN、TDMA
物理层		

（1）网络接口层。网络接口层，也被称为主机-网络层，位于 TCP/IP 模型的最低层，负责将数据帧放入线路或从线路中取下数据帧。网络接口层包括能使用与物理网络进行通信的协议，且对应 OSI 参考模型的物理层和数据链路层。标准并没有定义具体的网络接口协议，而是旨在提供灵活性，以适应各种网络类型，如局域网、城域网和广域网。这也说明了 TCP/IP 协议可以运行在任何网络之上。

（2）网络层。网络层，也被称为互联层（Internet 层），主要处理来自上层（传输层）的数据，形成 IP 分组，并且为该 IP 分组进行路径选择，最终将它从源主机传送到目的主机。在网络层中，最常用的协议是网际协议（Internet Protocol，IP），其他一些协议用来协助 IP 协议进行操作，如 ICMP、IGMP、ARP、RARP 协议等。

网络层的功能主要体现在以下 3 个方面。

- 处理来自传输层的分组发送请求。
- 处理接收的分组。
- 处理路径选择、流量控制与阻塞问题。

（3）传输层。传输层主要负责应用进程之间的端到端通信，包括两个协议：传输控制协议（Transmission Control Protocol，TCP）和用户数据报协议（User Datagram Protocol，UDP）。

① TCP 协议是一种可靠的面向连接的协议，允许将一台主机的字节流无差错地传送到目的主机，通过"三次握手"先建立 TCP 连接后方可传送数据，并且要求分组按顺序到达目的主机。对于大量数据的传输，通常都要求有可靠的传送。

② UDP 协议是一种不可靠的面向无连接的协议，传送数据前不必先建立连接，并且不要求分组按顺序到达目的主机，传输过程中数据有可能出错，必须由应用层的应用程序实现可靠性机制和差错控制，以保证端到端数据传输的正确性。与 TCP 协议相比，UDP 协议显得非常不可靠，但在一些特定的环境下 UDP 协议还是非常有优势的。例如，要发送的信息较短，不

值得在主机之间建立一次连接。另外，面向连接的通信通常只能在两台主机之间进行，若要实现多台主机之间一对多或多对多的数据传输，即广播或多播，则需要使用 UDP 协议。

（4）应用层。应用层位于 TCP/IP 模型的最高层，与 OSI 参考模型的高三层（应用层、表示层、会话层）任务相同，即用于提供网络服务。应用层是应用程序进入网络的通道。应用层包括了所有的高层协议，并且不断有新的协议加入，应用层的协议主要有以下几种。

① 远程登录协议（Telnet）：利用 Telnet 协议本地主机可以作为仿真终端登录到远程主机运行应用程序。

② 文件传输协议（File Transfer Protocol，FTP）：实现主机之间的文件传送。

③ 简单邮件传输协议（Simple Mail Transfer Protocol，SMTP）：实现主机之间电子邮件的传送。

④ 域名系统（Domain Name System，DNS）：用于实现主机域名与 IP 地址之间的映射。

⑤ 动态主机配置协议（Dynamic Host Configuration Protocol，DHCP）：实现对主机的 IP 地址分配和配置工作。

⑥ 网络文件系统（Network File System，NFS）：实现主机之间文件系统的共享。

⑦ 超文本传输协议（HyperText Transfer Protocol，HTTP）：用于 Internet 中客户机与 WWW 服务器之间的数据传输。

⑧ 简单网络管理协议（Simple Network Management Protocol，SNMP）：实现网络的管理。

1.4 计算机网络拓扑结构

1.4.1 计算机网络拓扑结构的基本概念

在复杂的计算机网络结构设计中，人们引用了拓扑学中拓扑结构的概念。拓扑学是几何学的分支，由图论演变而来。在拓扑学中，先将实体抽象为与大小、形状无关的点，再将连接实体的线路抽象为线，进而研究点、线、面之间的关系。

在计算机网络结构设计中，借助拓扑学的概念，可以将通信子网中通信处理机和其他通信设备抽象为与大小和形状无关的点，并将连接节点的通信线路抽象为线，而将这种点、线连接而成的几何图形称为网络拓扑结构。网络拓扑结构通常可以反映网络中各实体之间的结构关系。

在网络结构的设计中必须注意以下几点：第一，必须确定各台计算机和其他网络设备在网络中的位置。第二，网络的拓扑结构将直接关系到网络的性能、系统可靠性、通信及投资费用等因素。例如，选用总线型拓扑结构时，其传输介质的用量最少，投资也就较少。第三，拓扑结构还是实现各种协议的基础。所以，网络拓扑结构的选择和设计是计算机网络设计的第一步。

计算机网络拓扑结构主要是指通信子网的拓扑结构。

1.4.2 计算机网络拓扑结构的主要类型

局域网中采用的拓扑结构主要有星形拓扑、总线型拓扑、环形拓扑和树形拓扑。

1. 星形拓扑

星形拓扑是由中央节点和通过点到点的链路连接到中央节点的各站点组成的，如图 1-14 所示。中央节点执行集中式通信控制策略，任意两个站点之间的通信都要经过中央节点，因此中央节点比较复杂，而各个站点的通信处理负担都很小。星形拓扑结构广泛应用于网络中智能集中于中央节点的场合。

图 1-14　星形拓扑结构

（1）星形拓扑结构的优点主要包括以下几方面。

- 方便服务。利用中央节点可以非常方便地提供服务和网络重新配置。
- 集中控制和故障诊断。由于每个站点直接连到中央节点，所以故障容易检测和隔离，可以非常方便地将有故障的站点从系统中删除。单个连接的故障只影响一个设备，不会影响全网。
- 简单的访问协议。在星形拓扑结构中，任何一个连接只涉及中央节点和一个站点，因此，控制介质访问的方法很简单，访问协议也十分简单。

（2）星形拓扑结构的缺点主要包括以下几方面。

- 依赖于中央节点。中央节点是网络的瓶颈，一旦出现故障则全网瘫痪，所以中央节点的可靠性和冗余度要求很高。
- 电缆长度长。每个站点直接和中央节点相连，这种拓扑结构需要大量电缆，安装、维护等费用较高。
- 中央节点的负荷较重。由于所有的通信都要经过中央节点，所以中央节点成为信息传输速率的瓶颈。

2. 总线型拓扑

总线型拓扑结构采用单条总线进行通信，所有的站点都通过相应的硬件接口直接连接到传输介质——总线上，如图 1-15 所示。任何一个站点发送的信号都可以沿着介质传播（广播发送），而且能被其他站点接收。因为所有的站点共享一条公用的传输链路，所以一次只能由一个设备传输，这就需要采用某种形式的访问控制策略来决定下一次哪一个站点可以发送信号。

图 1-15　总线型拓扑结构

（1）总线型拓扑结构的优点主要包括以下几方面。

- 结构简单、易于扩充。如果增加新的站点，可以在任意一点将其接入。
- 电缆长度短，布线容易。因为所有的站点连接到一个公共数据通路（总线），所以只需要很短的电缆长度，减少了安装费用，易于布线和维护。

（2）总线型拓扑结构的缺点主要包括以下几方面。

- 传输距离短。总线的传输距离有限，通信范围容易受到限制。
- 故障诊断困难。当接口发生故障时，将影响全网，所以故障检测需要在全网各个站点上进行。
- 复杂的访问协议。由于一次仅能由一个站点发送数据，其他站点必须等待，直到获得发送权，所以介质访问协议比较复杂。

3．环形拓扑

在环形拓扑结构中，各个网络节点连接成环，如图 1-16 所示。在环路上，信息单向地（顺时针或逆时针方向）从一个节点传送到下一个节点，传送路径固定，没有路径选择的问题。由于多个设备共享一个环，所以需要进行访问控制，以便决定每个站点在什么时候可以发送数据。

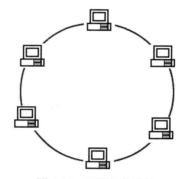

图 1-16　环形拓扑结构

（1）环形拓扑结构的优点主要包括以下几方面。

- 结构简单，容易实现，无路径选择。
- 电缆长度短。所需电缆长度和总线型拓扑结构相近，但比星形拓扑结构要短得多。
- 信息传输的延迟时间相对稳定，适用于传输负荷较重、实时性要求较高的应用环境。
- 可使用光纤。光纤的传输速率很高，十分适合环形拓扑结构的单方向传输。

（2）环形拓扑结构的缺点主要包括以下几方面。

- 可靠性较差。在环上的数据传输要通过连接在环上的所有节点，环中的某一个节点出现故障会引起全网故障。
- 故障诊断困难。因为某一个节点发生故障都会使全网不工作，所以难于诊断故障，需要对每个节点进行检测。

4．树形拓扑

树形拓扑结构是从星形拓扑结构和总线型拓扑结构演变而来的，形状像一棵倒置的树，顶端是树根，树根以下带分支，每个分支还可再带分支，如图 1-17 所示。树根接收各站点发送的数据，然后根据 MAC 地址发送到相应的分支，树形拓扑结构在中小型局域网中应用较多。

（1）树形拓扑结构的优点主要包括以下几方面。

- 易于扩展。这种结构可以延伸出很多分支和子分支，新的节点和新的分支很容易加入网内。
- 故障容易隔离。如果某一分支的节点或线路发生故障，则很容易将该分支和整个系统隔离开来。

（2）树形拓扑结构的缺点是对根的依赖性大，如果根发生故障，则全网不能正常工作。因此，树形拓扑结构的可靠性与星形拓扑结构相似。

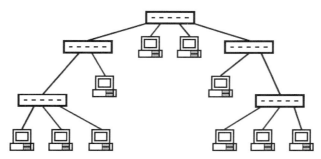

图 1-17　树形拓扑结构

1.5　本章实训

1.5.1　实训 1：双绞线的制作

1．实训目标

（1）掌握双绞线的制作标准、制作步骤。

（2）掌握直通线和交叉线的制作技术。

（3）学会剥线钳、压线钳等工具的使用方法。

（4）学会双绞线的检测方法。

2．完成实训所需的设备和软件

（1）5 类双绞线若干米，RJ-45 水晶头若干个。

（2）压线钳 1 把，网线测试仪 1 台。

3．实施步骤

双绞线的制作分为直通线的制作和交叉线的制作。双绞线的制作过程可简单归纳为"剥"

"理""插""压""测"。

（1）直通线的制作过程如下。

步骤1：准备好5类双绞线、RJ-45水晶头、压线钳和网线测试仪等，如图1-18所示。

双绞线　　　　RJ-45水晶头　　　　压线钳　　　　　网线测试仪

图1-18　工具准备

步骤2：用压线钳的剥线刀口夹住5类双绞线的外保护套管，适当用力夹紧并慢慢旋转，让刀口正好划开双绞线的外保护套管（但不要将里面双绞线的绝缘层划破），刀口距5类双绞线的端头至少为2cm，如图1-19所示。

步骤3：将划开的外保护套管剥去（旋转、向外抽），如图1-20所示。

图1-19　划开双绞线的外保护套管　　　　图1-20　剥去双绞线的外保护套管

步骤4：剥去外保护套管后会露出4对双绞线，如图1-21所示。

步骤5：把相互缠绕在一起的每对双绞线逐一解开，按照EIA/TIA 568B标准（橙白-1、橙-2、绿白-3、蓝-4、蓝白-5、绿-6、棕白-7、棕-8）和导线颜色将导线按规定的序号排好，排列时应尽量避免线路的缠绕和重叠，如图1-22所示。

图1-21　4对双绞线　　　　图1-22　按照EIA/TIA 568B标准排好线序

步骤6：将8根导线拉直、压平、理顺，导线间不留空隙，如图1-23所示。

步骤7：用压线钳的剪线刀口将8根导线剪齐，如图1-24所示。

图 1-23　拉直、压平、理顺

图 1-24　剪齐

📖**注　意**　修剪时，要保留剥开的导线长度约等于水晶头长度，不可过长或过短。剥线过长会使双绞线因外保护套管不能被水晶头卡住而容易松动甚至断线；剥线过短则使导线不能被完全插到水晶头底部，从而造成水晶头的插针不能与双绞线的铜芯有效接触，最终导致网线制作失败。

步骤 8：捏紧 8 根导线，防止导线乱序，把水晶头有塑料弹片的一侧朝下，把整理好的 8 根导线插入水晶头。

📖**注　意**　8 根导线一定要插至水晶头底部，如图 1-25 所示，并使双绞线的外保护套管恰好位于水晶头的凹槽处，以便压线时能压住外保护套管。

步骤 9：确认 8 根导线都已插至水晶头底部，再次检查线序无误后，将水晶头从压线钳"无牙"一侧推入压线槽内，如图 1-26 所示。

图 1-25　网线插至水晶头底部

图 1-26　将水晶头推入压线槽

步骤 10：双手紧握压线钳的手柄，用力压紧，使水晶头的 8 个针脚接触点穿过导线的绝缘外层，分别和 8 根导线紧紧地压接在一起。制作完成的水晶头如图 1-27 所示。

图 1-27　制作完成的水晶头

步骤 11：直通线一端的水晶头制作完成后，还需要制作直通线另一端的水晶头，按照 EIA/TIA 568B 标准重复前面介绍的步骤 1～步骤 10 制作另一端的水晶头。

水晶头制作完成后，需要检测它的联通性，可用网线测试仪测试是否存在连接故障。

步骤 12：将直通线两端的水晶头分别插入主测试仪和远程测试端，然后将开关推至 ON 挡（S 为慢速挡）（见图 1-28），主测试仪和远程测试端从 1 到 8 的指示灯应该依次绿色闪亮，说明网线连接正常。

图 1-28　网线联通性测试

步骤 13：若连接不正常，则按下述情况显示。

① 当有一根导线如 3 号线断路时，则主测试仪和远程测试端的 3 号灯都不亮。

② 当有多根导线断路时，则相对应的几根导线的指示灯都不亮；当少于两根导线联通时，所有的指示灯都不亮。

③ 当两头网线乱序，如 2 号线和 4 号线乱序时，则显示如下。

主测试仪端不变：1-2-3-4-5-6-7-8

远程测试端：1-4-3-2-5-6-7-8

④ 当有两根导线短路时，主测试仪的指示灯仍然按从 1 到 8 的顺序逐个闪亮，而远程测试端两根短路导线所对应的指示灯将被同时点亮，其他的指示灯仍按正常的顺序逐个闪亮。若有 3 根以上（含 3 根）导线短路时，则短路的几根导线的指示灯都不亮。

⑤ 如果出现红灯或黄灯亮时，则说明其中存在接触不良等现象，此时最好先用压线钳压制两端水晶头一次，再测，如果故障依旧存在，则检查两端导线的排列顺序是否一样。如果导线顺序不一样，则剪掉一端而参考另一端导线顺序重做一个水晶头。

（2）交叉线的制作步骤和操作要领与直通线大体相同，只是交叉线一端按 EIA/TIA 568B 标准制作，另一端按 EIA/TIA 568A 标准制作。

测试交叉线时，主测试仪的指示灯按 1-2-3-4-5-6-7-8 的顺序逐个闪亮，而远程测试端的指示灯按 3-6-1-4-5-2-7-8 的顺序逐个闪亮。

1.5.2　实训 2：双机互连对等网络的组建

1．实训目标

（1）正确安装与配置网卡。

（2）用交叉线将两台计算机连接起来，组建双机互连对等网络。

2．完成实训所需的设备和软件

（1）安装 Windows 7 操作系统的计算机 2 台。

（2）交叉线 1 根。

3．网络拓扑结构

为了完成本次实训，搭建如图 1-29 所示的网络拓扑结构。

图 1-29　网络拓扑结构

4．实施步骤

（1）双机互连。

步骤 1：安装网卡驱动程序。现在的绝大部分网卡和 Windows 7 操作系统都支持"即插即用"功能，在 Windows 7 操作系统的硬件列表中应该有该网卡的驱动程序，在开机启动时 Windows 7 操作系统会自动检测到该网卡并加载其驱动程序。

步骤 2：如果系统没有该网卡的驱动程序，则可手动安装该网卡的驱动程序（厂家提供的驱动盘或从网上下载）。

步骤 3：将交叉线两端分别插入两台计算机网卡的 RJ-45 端口，如果观察到网卡的 Link/Act 指示灯亮起，则表示连接良好。

（2）TCP/IP 协议的配置。

步骤 1：单击桌面右下角的"网络"图标，选择"打开网络和共享中心"，在打开的"网络和共享中心"窗口中，单击"本地连接"→"属性"，打开"本地连接 属性"对话框，如图 1-30 所示。

步骤 2：选择"Internet 协议版本 4（TCP/IPv4）"选项，再单击"属性"按钮（或双击"Internet 协议版本 4（TCP/IPv4）"），打开"Internet 协议版本 4（TCP/IPv4）属性"对话框，如图 1-31

所示。

图 1-30 "本地连接 属性"对话框　　图 1-31 "Internet 协议版本 4（TCP/IPv4）属性"对话框

步骤 3：选中"使用下面的 IP 地址"单选按钮，将"IP 地址"设置为"192.168.0.1"，"子网掩码"设置为"255.255.255.0"，单击"确定"按钮，返回"本地连接 属性"对话框，单击"关闭"按钮。

步骤 4：使用相同的方法，将另一台计算机的"IP 地址"设置为"192.168.0.2"，"子网掩码"设置为"255.255.255.0"。

（3）网络联通性的测试。

步骤 1：选择"开始"→"运行"命令，输入"cmd"命令，切换到命令行状态。

步骤 2：输入"ping 127.0.0.1"命令，进行回送测试，测试网卡与驱动程序是否正常工作。

步骤 3：输入"ping 192.168.0.1"命令，测试本机 IP 地址是否与其他主机冲突。

步骤 4：输入"ping 192.168.0.2"命令，测试到另一台计算机的联通性，如图 1-32 所示。如果 ping 不成功，则可以关闭另一台计算机上的防火墙后再测试。

图 1-32 ping 命令测试

同理，可在另一台计算机上运行"ping 192.168.0.1"命令。

说　明　ping 命令是 Windows 操作系统自带的用于检测网络联通性及网络连接速度的命令。在默认状态下，ping 命令向目的主机发送 4 个回送请求报文，在网络正常联通的情况下，应收到目的主机发回的 4 个应答报文，并显示发送请求报文与收到应答报文之间的时间差，以反映网络连接速度。如果显示"无法访问目的主机"，则可能是目的主机没有响应、网络不通等原因造成的。

1.6　本章习题

一、选择题

1. Internet 是目前世界上第一大互联网，起源于美国，其雏形是_____。

　　A．ARPAnet 网　　　　B．NCFC 网　　　　C．GBNET 网　　　　D．CERNET 网

2. 关于 OSI 参考模型层次划分原则的描述中，正确的是_____。

　　A．不同节点的同等层具有相同的功能

　　B．网络中各节点都需要采用相同的操作系统

　　C．高层需要知道低层功能是如何实现的

　　D．同一节点内相邻层之间通过对等协议通信

3. 关于 OSI 参考模型各层功能的描述中，错误的是_____。

　　A．物理层基于传输介质提供物理连接服务

　　B．网络层通过路由算法为分组选择传输路径

　　C．数据链路层为用户提供可靠的端到端服务

　　D．应用层为用户提供各种高层网络应用服务

4. 传输层向用户提供_____。

　　A．点到点服务　　　　B．端到端服务　　　　C．网络到网络服务　　D．子网到子网服务

5. 当一台计算机向另一台计算机发送文件时，下面的_____过程正确描述了数据包的转换步骤。

　　A．数据、数据段、数据包、数据帧、比特

　　B．比特、数据帧、数据包、数据段、数据

　　C．数据包、数据段、数据、比特、数据帧

　　D．数据段、数据包、数据帧、比特、数据

6. 在实际的计算机网络组建过程中，一般首先应该做_____。

　　A．网络拓扑结构设计　　　　　　　　　B．设备选型

　　C．应用程序结构设计　　　　　　　　　D．网络协议选型

7. 下列有关网络拓扑结构的叙述中，正确的是_____。

　　A．星形拓扑结构的缺点是，当需要增加新的节点时成本比较高

　　B．树形拓扑结构的线路复杂，网络管理也比较困难

　　C．网络的拓扑结构是指网络中节点的物理分布方式

　　D．网络的拓扑结构是指网络节点间的布线方式

二、填空题

1．计算机网络是_____技术与_____技术相结合的产物。

2．计算机网络的发展历史不长，其发展过程经历了_____、_____、_____和_____4个阶段。

3．计算机网络可分为两级结构：_____子网负责全部网络的通信工作，_____子网由各类主机、终端、软件、数据库等组成。

4．计算机网络的主要功能有_____、_____、_____和_____。

5．按网络覆盖的地理范围，计算机网络可以分为_____、_____和_____。

6．用于计算机网络的有线传输介质有_____、_____和_____。

7．RJ-45水晶头中的线序有两种标准，分别为_____和_____。非屏蔽双绞线的最大传输距离为_____m。

8．每块网卡均有唯一的_____位二进制网卡地址（MAC地址），如00-23-5A-69-7A-3D（十六进制）。

9．计算机网络层次结构模型和各层协议的集合叫作计算机网络_____。

10．计算机网络的参考模型有两种：_____和_____。前者出自国际标准化组织；后者就是一个事实上的工业标准。

11．OSI参考模型将网络体系结构分为_____、_____、_____、_____、_____、_____和_____7层。

12．TCP/IP协议只有4层，由下而上分别为_____、_____、_____和_____。

13．在OSI参考模型中，每层可以使用_____层提供的服务。

14．网络协议主要由3个要素组成，分别是_____、_____和_____。

15．在TCP/IP协议中，传输层中的_____协议是一种面向连接的协议，它能够提供可靠的数据包传输；传输层中的_____协议是一种面向无连接的协议，它提供不可靠的数据包传输，数据在传输过程中可能会出错。

16．光纤、同轴电缆、双绞线、中继器和集线器等工作在OSI参考模型中的_____层；网桥、交换机、网卡等工作在OSI参考模型中的_____层；路由器工作在OSI参考模型中的_____层。

17．在TCP/IP模型中，网络层的常用协议有_____、_____、_____和_____；应用层的常用协议有_____、_____、_____、_____、_____。

三、简答题

1．简述OSI参考模型中各层的主要功能。

2．简述数据发送方封装和接收方解封装的过程。

3．TCP/IP协议中各层主要有哪些协议？

4．常用的传输介质有哪些？各有什么特点？

5．双绞线的EIA/TIA 568A标准和EIA/TIA 568B标准的线序是怎样的？

6．简述直通线和交叉线的应用场合。

四、实践操作题

制作直通线和交叉线各1根，并用网线测试仪进行测试。

第2章

局域网技术基础

学习目标

（1）掌握局域网的参考模型和介质访问控制方法。

（2）掌握以太网组网技术。

（3）熟练掌握交换机的工作原理、帧转发方式、互连方式。

（4）掌握使用交换机组建小型交换式对等网络的方法。

（5）掌握 Windows 7 操作系统对等网络中文件夹共享、打印机共享的设置方法和使用。

2.1 网络常用连接设备

局域网一般由服务器、用户工作站和通信设备等组成。

通信设备主要用于实现物理层和介质访问控制（MAC）子层等功能，在网络节点间提供数据帧的传输，包括中继器（Repeater）、集线器（Hub）、网桥（Bridge）、交换机（Switch）、路由器、网关等。

1．中继器

在计算机网络中，信号在传输介质中传输时，传输介质的阻抗会使信号越来越弱，最终导致信号衰减失真。当网线的长度超过一定限度后，若想继续传输下去，必须将信号整理放大，恢复成原来的波形和强度。中继器的主要功能就是将接收到的信号重新整理，使其恢复到原来的波形和强度，然后继续传输下去，以实现更远距离的信号传输。它工作在 OSI 参考模型的最低层（物理层），在以太网中最多可使用 4 个中继器。

2．集线器

集线器是单一总线共享式设备，可以提供很多网络接口，负责将网络中多台计算机连在一起，如图 2-1 所示。所谓共享，是指集线器所有端口共用一根数据总线。因此，平均每个用户（端口）传递的数据量、速率等受活动用户（端口）总数量的限制。集线器的主要性能参数有总线带宽、端口数量、智能程度（是否支持网络管理）、可扩展性（是否支持级联和堆叠）等。

集线器的主要功能是对接收到的信号进行再生、整形和放大，以扩大网络的传输距离，同时将所有节点集中在以它为中心的节点上。集线器在物理层工作，采用广播方式发送数据，当一个端口接收到数据后就向其他端口转发。用集线器组建的网络在物理上属于星形拓扑结构，在逻辑上属于总线型拓扑结构。

图 2-1　集线器

3．网桥

网桥在数据链路层实现同类网络的互联，从而有选择地将数据从某一网段传向另一网段。如果网络负载重而导致性能下降时，可用网桥将其分为两个（或多个）网段，这样可以较好地缓解网络通信繁忙的程度，从而提高通信效率。

网桥的功能在延长网络跨度上类似于中继器。但网桥能提供智能化连接服务，即根据数据帧的目的地址处于哪个网段进行转发和过滤。网桥对站点所处网段的了解是根据"自学习"实现的。

4．交换机

交换机，也称为交换式集线器，是一种工作在数据链路层上的、基于 MAC 地址识别、具有封装转发数据包功能的网络设备。它通过对信息进行重新生成，并经过内部处理后转发至指定端口，具备自动寻址能力和数据交换能力。交换机可以"自学习"MAC 地址，并将其存放在内部地址表中，通过在数据帧的始发者和目的接收者之间建立临时的交换路径，数据帧可以直接由源地址到达目的地址。

交换机是集线器的升级产品，每个端口都可视为独立的网段，连接在其上的网络设备共同享有该端口的全部带宽。由于交换机根据所传递信息包的目的地址，将信息包独立地从源端口逐一传送至目的端口，而不会向所有端口发送，所以可以避免和其他端口发生冲突，从而提高了传输效率。

交换机的主要功能包括物理编址、网络拓扑结构、错误校验、帧序列及流量控制。目前，有些交换机还具备一些新的功能，如对 VLAN（Virtual LAN，虚拟局域网）的支持、对链路汇聚的支持，甚至有的还具有防火墙的功能。

交换机与集线器的区别如下。

（1）OSI 体系结构上的区别。集线器属于 OSI 参考模型的第一层（物理层）设备，而交换机属于 OSI 参考模型的第二层（数据链路层）设备，这也就意味着集线器仅对数据的传输起同步、放大和整形等作用，而对数据传输中的短帧、碎片等无法进行有效的处理，不能保证数据传输的完整性和正确性；而交换机不但可以对数据的传输做到同步、放大和整形，而且可以过滤短帧、碎片等。

（2）工作方式上的区别。集线器的工作机理是广播（Broadcast），无论从哪一个端口接收到信息包，都以广播的形式将信息包发送给其余的所有端口，这样很容易产生广播风暴，当网络规模较大时网络性能会受到很大的影响；交换机工作时，只有发出请求的端口和目的端口之间相互响应，不影响其他端口，因此交换机能够隔离冲突域，并有效地抑制广播风暴的产生。

（3）带宽占用方式上的区别。不管有多少个端口，集线器的所有端口都共享一条带宽，同一时刻只能有两个端口在发送或接收数据，其他端口只能等待，并且集线器只能在半双工模式下工作；而对于交换机而言，每个端口都有一条独占的带宽，当两个端口工作时并不影响其他端口的工作，同时交换机不但可以在半双工模式下工作，而且可以在全双工模式下工作。

5. 路由器

路由器在 OSI 参考模型的第三层（网络层）工作，这意味着它可以在多个网络上交换和路由数据包。路由器通过在相对独立的网络中交换具体协议的信息来实现这个目标。

与网桥相比，路由器不但能过滤和分隔网络信息流、连接网络分支，而且能访问数据包中更多的信息，并用来提高数据包的传输效率。常见的家用无线路由器如图 2-2 所示。

图 2-2　常见的家用无线路由器

路由器中包含一张路由表，该表中有网络地址、连接信息、路径信息和发送代价信息等。路由器转发数据比网桥慢，主要用于广域网或广域网与局域网的互联。

6. 网关

网关通过把信息重新包装来适应不同的网络环境。网关能互联异类的网络，还可以从一个网络中读取数据，剥去数据的老协议，然后用目的网络的新协议进行重新包装。

网关的一个较为常见的用途是，在局域网中的微型计算机和小型计算机或大型计算机之间进行"翻译"，从而连接两个（或多个）异类的网络。网关的典型应用是当作网络专用服务器。

2.2　局域网的参考模型

局域网技术从 20 世纪 80 年代开始迅速发展，各种局域网产品层出不穷，但是不同设备生产商的产品互不兼容，为网络系统的维护和扩充带来了很大的困扰。美国电气电子工程师协会（Institute of Electrical and Electronics Engineers，IEEE）下设的 IEEE 802 委员会根据局域网介质访问控制方法适用的传输介质、拓扑结构、性能及实现难易程度等因素，为局域网制定了一系列标准，称为 IEEE 802 标准。

由于 OSI 参考模型是针对广域网设计的，所以 OSI 参考模型的数据链路层可以很好地解决广域网中通信子网的交换节点之间的点到点通信问题。但是，如果将 OSI 参考模型应用于局域网则会出现一个问题：该模型的数据链路层不具备解决局域网中各站点争用共享通信介质的能力。为了解决这个问题，同时又保持与 OSI 参考模型的一致性，在将 OSI 参考模型应用于局域网时，可以将数据链路层划分为两个子层：LLC 子层和 MAC 子层，如图 2-3 所示。

MAC 子层处理局域网中各站点对通信介质的争用问题，对于不同的传输介质、不同的网络拓扑结构可以采用不同的 MAC 方法。LLC 子层屏蔽各种 MAC 子层的具体实现，并将其改造为统一的 LLC 界面，从而向网络层提供统一的服务。

图 2-3　OSI 参考模型与 IEEE 802 模型的对应关系

1．MAC 子层

MAC 子层是数据链路层的一个功能子层，是数据链路层的下半部分，直接与物理层相邻。MAC 子层为不同的物理介质定义了不同的介质访问控制方法。其主要功能如下。

（1）传送数据时将传送的数据组装成 MAC 帧，帧中包含地址和差错检测字段。

（2）接收数据时将接收的数据分解成 MAC 帧，并进行地址识别和差错检测。

（3）管理和控制对局域网传输介质的访问。

2．LLC 子层

LLC 子层位于数据链路层的上半部分，在 MAC 子层的支持下向网络层提供服务，它可运行于所有 802 局域网和城域网协议之上。LLC 子层与传输介质无关，而是独立于介质访问控制方法，隐蔽了各种 802 网络之间的差别，并向网络层提供一个统一的格式和接口。

LLC 子层的功能包括差错控制、流量控制和顺序控制，并为网络层提供面向连接和无连接两类服务。

2.3　IEEE 802 标准

IEEE 802 标准是美国电气电子工程师协会于 1980 年 2 月制定的，因此被称为 IEEE 802 标准，并且被美国国家标准协会（American National Standards Institute，ANSI）作为美国国家标准，随后又被国际标准化组织采纳为国际标准，称为 ISO 802 标准。

IEEE 802 委员会认为，局域网只是一个计算机通信网，而且不存在路由选择问题，因此局域网不需要网络层，有最低的两个层次（数据链路层和物理层）即可；但与此同时，由于局域网的种类繁多，并且介质访问控制方法也各不相同，所以有必要将局域网分解为更小而且容易管理的子层。

IEEE 802 一系列标准之间的关系如图 2-4 所示。随着网络发展的需要，新的标准还在不断补充。

图 2-4　IEEE 802 一系列标准之间的关系

IEEE 802 委员会为局域网制定了一系列标准，主要有以下几种。

IEEE 802.1 标准：局域网体系结构，以及寻址、网络管理和网络互联等。

IEEE 802.2 标准：LLC 子层。

IEEE 802.3 标准：带冲突检测的载波侦听多路访问（CSMA/CD）。

IEEE 802.3u 标准：100Mbps 快速以太网。

IEEE 802.3z 标准：1000Mbps 以太网（光纤、同轴电缆）。

IEEE 802.3ab 标准：1000Mbps 以太网（双绞线）。

IEEE 802.3ae 标准：10 000Mbps 以太网。

IEEE 802.4 标准：令牌总线网（Token Bus）。

IEEE 802.5 标准：令牌环网（Token Ring）。

IEEE 802.6 标准：城域网（MAN）。

IEEE 802.7 标准：宽带技术。

IEEE 802.8 标准：光纤技术。

IEEE 802.9 标准：综合语音数据网。

IEEE 802.10 标准：安全与加密。

IEEE 802.11 标准：无线局域网。

IEEE 802.12 标准：100VG-AnyLAN 优先高速局域网（100Mbps）。

IEEE 802.13 标准：有线电视网（Cable-TV）。

IEEE 802.14 标准：有线调制解调器（已废除）。

IEEE 802.15 标准：无线个人区域网络（蓝牙）。

IEEE 802.16 标准：宽带无线 MAN 标准（WiMAX，微波）。

IEEE 802.17 标准：弹性分组环（Resilient Packet Ring，RPR）可靠个人接入技术。

IEEE 802.18 标准：宽带无线局域网技术咨询组。

IEEE 802.19 标准：无线共存技术咨询组。

IEEE 802.20 标准：移动宽带无线访问。

IEEE 802.21 标准：符合 IEEE 802 标准的网络与非 IEEE 802 标准的网络之间的互通。

IEEE 802.22 标准：无线地域性区域网络（Wireless Regional Area Networks，WRANs）工作组。

以太网使用 CSMA/CD 作为介质访问控制方法，其协议为 IEEE 802.3 标准；令牌总线网使用令牌总线作为介质访问控制方法，其协议为 IEEE 802.4 标准；令牌环网使用令牌环作为介质访问控制方法，其协议为 IEEE 802.5 标准；FDDI 是一种令牌环网，采用双环拓扑，以光纤作为传输介质，传输速度为 100Mbps；城域网的标准为 IEEE 802.6，分布式队列双总线（Distributed Queue Dual Bus，DQDB），广播式连接，介质访问控制方法为先进先出（First Input First Output，FIFO）。

2.4 局域网介质访问控制方法

局域网中常见的介质访问控制方法主要有 3 种：带冲突检测的载波侦听多路访问、令牌环和令牌总线。

2.4.1 带冲突检测的载波侦听多路访问

带冲突检测的载波侦听多路访问控制方法（Carrier Sense Multiple Access with Collision Detection，CSMA/CD）是一种争用型的介质访问控制协议，只适用于总线型拓扑结构的局域网，能有效解决总线局域网中介质共享、信道分配和信道冲突等问题。

CSMA/CD 的工作原理可概括为"先听后发，边听边发，冲突停止，延时重发"，具体工作过程概括如下。

（1）发送数据前，先侦听信道是否空闲，若空闲，则立即发送数据。

（2）若信道忙，则继续侦听，直到信道空闲时立即发送数据。

（3）在发送数据时，边发送边继续侦听，若侦听到冲突，则立即停止发送数据，并向总线上发出一串阻塞信号，通知总线上各站点已发生冲突，使各站点重新开始侦听与竞争信道。

（4）已发出信息的各站点收到阻塞信号后，等待一段随机时间，再重新进入侦听发送阶段。

CSMA/CD 的工作过程如图 2-5 所示。

图 2-5　CSMA/CD 的工作过程

CSMA/CD 的优点如下：原理比较简单，技术上容易实现，网络中各工作站处于平等地位，不需要集中控制，也不提供优先级控制。

CSMA/CD 的缺点如下：需要冲突检测，存在错误判断和最小帧长度（64 字节）限制，网络负载增大时，发送时间延长，发送效率急剧下降。

2.4.2　令牌环

令牌环适用于环形拓扑结构的局域网，在令牌环网中有一个令牌（Token）沿着环形总线在入网节点计算机间依次传递，令牌实际上是一个特殊格式的控制帧，本身并不包含信息，仅控制信道的使用，确保在同一时刻只有一个节点能够独占信道。当环上节点都空闲时，令牌绕环行进。节点计算机只有取得令牌后才能发送数据帧，因此不会发生“碰撞”。由于令牌在环上是按顺序依次单向传递的，所以对所有入网计算机而言，访问权是公平的。

令牌在工作中有“闲”和“忙”两种状态。“闲”表示令牌没有被占用，即网中没有计算机正在传送信息；“忙”表示令牌已被占用，即网中有信息正在传送。希望传送数据的计算机必须首先检测到“闲”令牌，并将它置为“忙”的状态，然后在该令牌后面传送数据。当所传数据被目的节点计算机接收后，数据在网中被除去，令牌被重新置为“闲”。

令牌环网的缺点是需要维护令牌，一旦失去令牌就无法工作，需要选择专门的节点监视和管理令牌。

2.4.3　令牌总线

令牌总线（Token Bus）类似于令牌环，但其采用总线型拓扑结构。因此，令牌总线既具有 CSMA/CD 的结构简单、轻负载、延时小等优点，又具有令牌环的重负载时效率高、公平访问和传输距离较远等优点，同时还具有传送时间固定、可设置优先级等优点。

令牌总线是在总线的基础上，通过在网络节点之间有序地传递令牌来分配各节点对共享型总线的访问权，形成闭合的逻辑环路，如图 2-6 所示。令牌总线采用半双工的工作方式，只有获得令牌的节点才能发送信息，其他节点只能接收信息。为了保证逻辑闭合环路的形成，每个节点都动态地维护一个链接表，该表记录本节点在环路中的前趋、后继和本节点的地址，每个节点根据后继地址确定下一个占有令牌的节点。

（a）令牌总线的物理结构　　　　　　（b）令牌总线的逻辑结构

图 2-6　令牌总线的工作原理

2.5 以太网技术

1976 年 7 月，Bob 在 ALOHA 网络的基础上，提出总线型局域网的设计思想，以及冲突检测、载波侦听与随机后退延迟算法，并将这种局域网命名为以太网（Ethernet）。

以太网的核心技术是介质访问控制方法 CSMA/CD，CSMA/CD 解决了多节点共享公用总线的问题。每个站点都可以接收所有来自其他站点的数据，目的站点将该帧复制，其他站点则丢弃该帧。

2.5.1 MAC 地址

为了标识以太网上的每台主机，需要为每台主机上的网络适配器（网卡）分配一个全球唯一的通信地址，即 Ethernet 地址，也可称为网卡的物理地址或 MAC 地址。

IEEE 负责为网络适配器制造厂商分配 MAC 地址块，各厂商为自己生产的每块网络适配器分配一个全球唯一的 MAC 地址。MAC 地址的长度为 48bit，共 6 字节，如 00-0D-88-47-58-2C，其中，前 3 字节为 IEEE 分配给厂商的厂商代码（00-0D-88），后 3 字节为厂商自己设置的网络适配器编号（47-58-2C）。

MAC 广播地址为 FF-FF-FF-FF-FF-FF。如果 MAC 地址（二进制）的第 8 位是 1，则表示该 MAC 地址是组播地址，如 01-00-5E-37-55-4D。

2.5.2 以太网的帧格式

以太网的帧是数据在数据链路层的封装形式，网络层的数据包被加上帧头和帧尾后成为可以被数据链路层识别的数据帧（成帧）。虽然帧头和帧尾所用的字节数是固定不变的，但随着被封装的数据包大小的变化，以太网的帧长度也在发生变化，其范围是 64～1518 字节（不包括 8 字节的前导字）。

以太网的帧格式有多种，在每种格式的帧开始处都有 64bit（8 字节）的前导字符，其中前 7 字节为前同步码（7 个 10101010），第 8 字节为帧起始标志（10101011）。Ethernet II 的帧格式（未包括前导字符）如图 2-7 所示。

目的MAC地址 （6字节）	源MAC地址 （6字节）	类型 （2字节）	数据 （46～1500字节）	FCS （4字节）

图 2-7 Ethernet II 的帧格式

Ethernet II 类型以太网帧的最小长度为 64（6+6+2+46+4=64）字节，最大长度为 1518（6+6+2+1500+4=1518）字节。其中，前 12 字节分别标识发送数据帧的源节点 MAC 地址和接收数据帧的目的节点 MAC 地址。接下来的 2 字节标识以太网帧所携带的上层数据类型，如十六进制数 0x0800 代表 IP 协议数据，十六进制数 0x809B 代表 AppleTalk 协议数据，以及十六进制数 0x8138 代表 Novell 类型协议数据等。在不定长的数据字段后是 4 字节的帧校验序列（Frame Check Sequence，FCS），采用 32 位 CRC 循环冗余校验，对从"目的 MAC 地址"字段到"数据"字段的数据进行校验。

2.5.3　10Mbps 标准以太网

以前，以太网只有 10Mbps 的吞吐量，采用 CSMA/CD 的介质访问控制方法和曼彻斯特编码，这种早期的 10Mbps 以太网被称为标准以太网。

以太网可以使用粗同轴电缆、细同轴电缆、非屏蔽双绞线、屏蔽双绞线和光纤等多种传输介质进行连接，并且在 IEEE 802.3 标准中为不同的传输介质制定了不同的物理层标准，在这些标准中前面的数字表示传输速度，单位是 Mbps，最后的一个数字表示单段网线长度（基准单位是 100m），Base 表示"基带传输"。

表 2-1 列举了 4 种 10Mbps 以太网的特性。

表 2-1　4 种 10Mbps 以太网的特性

特　性	10Base-5	10Base-2	10Base-T	10Base-F
IEEE 标准	IEEE 802.3	IEEE 802.3a	IEEE 802.3i	IEEE 802.3j
速率/Mbps	10	10	10	10
传　输　方　法	基带	基带	基带	基带
无中继器，线缆最大长度/m	500	185	100	2000
站间最小距离/m	2.5	0.5		
最大长度（m）/媒体段数	2500/5	925/5	500/5	4000/2
传　输　介　质	50Ω 粗同轴电缆（Φ10）	50Ω 细同轴电缆（Φ5）	UTP	多模光纤
拓　扑　结　构	总线型	总线型	星形	星形
编　码	曼彻斯特编码	曼彻斯特编码	曼彻斯特编码	曼彻斯特编码

在局域网发展历史中，10Base-T 技术是现代以太网技术发展的里程碑。

使用集线器时，10Base-T 需要 CSMA/CD，但使用交换机时，在大多数情况下不需要 CSMA/CD。使用集线器设计 10Base-5、10Base-2、10Base-T 网络，最关键的要求是遵循 5-4-3-2-1 规则。其中，5 表示最多允许 5 个网段；4 表示在同一信道上最多允许连接 4 个中继器或集线器；3 表示在其中的 3 个网段上可增加节点；2 表示在另外 2 个网段上，除了做中继器链路，不能接任何节点；1 表示上述将组建 1 个大型的冲突域。

2.6　高速局域网技术

传统局域网技术建立在"共享介质"的基础上，网中所有节点共享一条公共传输介质，典型的介质访问控制方法有 CSMA/CD、令牌环和令牌总线。

介质访问控制方法使每个节点都能够"公平"地使用公共传输介质，如果网络中节点数目增多，每个节点分配的带宽将越来越少，冲突和重发现象将大量增加，网络效率急剧下降，数据传输的延迟增长，网络服务质量下降。为了进一步提高网络性能，较好的解决方案如下。

（1）增加公共线路的带宽。其优点是仍然保护局域网用户已有的投资。

（2）将大型局域网划分成若干个用网桥或路由器连接的子网。其优点是，每个子网作为小型局域网，隔离子网间的通信量，从而提高网络的安全性。

（3）将共享介质改为交换介质。其优点是，交换式局域网的设备是交换机，可以在多个端口之间建立多个并发连接。交换方式出现后，局域网分为共享式局域网和交换式局域网。

2.6.1　100Mbps 快速以太网

与 10Mbps 标准以太网相比，100Mbps 快速以太网仍然采用相同的帧格式、相同的介质访问控制和组网方法，可以将速率从 10Mbps 提高到 100Mbps。在 MAC 子层仍然使用 CSMA/CD，在物理层进行必要的调整，定义了新的物理层标准。快速以太网的标准为 IEEE 802.3u。

100Mbps 快速以太网标准定义了介质独立接口 MII，它将 MAC 子层与物理层隔开，传输介质和信号编码方式的变化不会影响 MAC 子层。

关于 100Mbps 快速以太网的传输介质标准主要有以下 3 种。

（1）100Base-TX：支持 2 对 5 类非屏蔽双绞线或 2 对 1 类屏蔽双绞线，其中，1 对用于发送，1 对用于接收；采用 4B/5B 编码方式；可以采用全双工传输方式，每个节点可同时以 100Mbps 速率发送和接收数据，即 200Mbps 带宽。

（2）100Base-T4：支持 4 对 3 类非屏蔽双绞线，其中，3 对用于数据传输，1 对用于冲突检测；采用 8B/6T 编码方式。

（3）100Base-FX：支持 2 芯的单模或多模光纤，主要用于高速主干网，从节点到集线器的距离可达 2km；采用 4B/5B 编码方式和全双工传输方式。

由于 100Base-TX 与 10Base-T 兼容，所以其使用更广泛。

2.6.2　千兆以太网

千兆以太网是建立在以太网标准基础之上的技术。千兆以太网与大量使用的标准以太网和快速以太网完全兼容，并利用了原以太网标准所规定的全部技术规范，其中包括 CSMA/CD 协议、以太网帧、全双工、流量控制，以及 IEEE 802.3 标准中所定义的管理对象。

IEEE 802.3z 标准定义了 1000Base-SX、1000Base-LX、1000Base-CX 3 种千兆以太网标准，IEEE 802.3ab 标准定义了 1000Base-T 千兆以太网标准，这 4 种千兆以太网的特性如表 2-2 所示。

表 2-2　4 种千兆以太网的特性

特　　性	1000Base-SX	1000Base-LX	1000Base-CX	1000Base-T
IEEE 标准	IEEE 802.3z	IEEE 802.3z	IEEE 802.3z	IEEE 802.3ab
传 输 介 质	62.5μm/50μm（多模） 850nm（激光）	62.5μm/50μm（多模） 10μm（单模） 1310nm（激光）	STP	5 类及以上 UTP
编 码 方 式	8B/10B	8B/10B	8B/10B	4D-PAM5
最大长度/m	550	550（多模） 3000（单模）	25	100

千兆以太网仍采用 CSMA/CD 介质访问控制方法，并与现有的以太网兼容。千兆以太网是以交换机为中心的网络。

2.6.3　万兆以太网

万兆以太网技术与千兆以太网类似，仍然保留了以太网帧结构。通过不同的编码方式或波分复用提供 10Gbps 传输速度。万兆以太网的标准为 IEEE 802.3ae，仅支持光纤作为传输介质，不存在介质争用问题，不再使用 CSMA/CD 介质访问控制方法，仅支持全双工传输方式。

IEEE 802.3ae 标准定义了 10GBase-SR、10GBase-LR、10GBase-ER 3 种 10Gbps 以太网标准。

（1）10GBase-SR：850nm 短距离模块（现有多模光纤上最长传输距离为 85m，新型 2000MHz/km 多模光纤上最长传输距离为 300m）。

（2）10GBase-LR：1310nm 长距离模块（单模光纤上最长传输距离为 10km）。

（3）10GBase-ER：1550nm 超长距离模块（单模光纤上最长传输距离为 40km）。

2.7　局域网交换技术

2.7.1　交换机的工作原理

二层交换技术发展比较成熟。二层交换机属于数据链路层设备，可以识别数据包中的 MAC 地址信息，根据 MAC 地址进行转发，并将这些 MAC 地址与对应的端口记录在自己内部的一个 MAC 地址表中。

1．交换机具体的工作流程

（1）当交换机从某个端口接收到一个数据帧时，它先读取帧头中的源 MAC 地址，这样就可以知道源 MAC 地址的机器是连接在哪个端口上的。

（2）读取帧头中的目的 MAC 地址，并在 MAC 地址表中查找相应的端口。

（3）如果在 MAC 地址表中找不到相应的端口，则把数据帧广播到除源端口外的所有其他端口上。当目的机器对源机器回应时，交换机又可以学习到该目的 MAC 地址与哪个端口对应，在下次转发数据时就不再需要对所有端口进行广播。

（4）如果在 MAC 地址表中有与该目的 MAC 地址相对应的端口，则把数据包直接转发到这个端口上，而不向其他端口广播。

不断循环这个过程，就可以学习整个网络的 MAC 地址信息，二层交换机就是这样建立和维护它自己的 MAC 地址表的。

在每次添加或更新 MAC 地址表的表项时，添加或更新的表项被赋予一个计时器，计时器用来记录该表项的超时时间，当超时时间到时，该表项将被交换机删除。通过删除过时的表项，交换机维护了一个精确且有用的 MAC 地址表。由此可知，MAC 地址表中包含 MAC 地址、端口、超时时间等信息。

2．交换机工作原理的示例

如图 2-8 所示，A、B、C、D 4 台工作站分别连接在交换机 E0、E1、E2、E3 的 4 个端口上。

图 2-8   空的 MAC 地址表

（1）交换机初始的 MAC 地址表是空的。

（2）当工作站 A 向工作站 B 发送数据帧时，交换机在 E0 端口接收到工作站 A 的数据帧，于是交换机将工作站 A 所连接的端口号和它的 MAC 地址信息"E0：0260.8c01.1111"保存在 MAC 地址表中。由于在 MAC 地址表中没有找到工作站 B 的 MAC 地址，所以交换机向除 E0 端口外的所有其他端口广播这个数据帧，如图 2-9 所示。

图 2-9   工作站 A 向工作站 B 发送数据帧

在 MAC 地址表中的 MAC 地址表项默认保留 5min。

（3）如果此时工作站 D 也向工作站 B 发送数据帧，则交换机将工作站 D 所连接的端口号和它的 MAC 地址信息"E3：0260.8c01.4444"也保存在 MAC 地址表中。因为在 MAC 地址表中没有找到工作站 B 的 MAC 地址，所以交换机向除 E3 端口外的所有其他端口广播这个数据帧，如图 2-10 所示。

图 2-10   工作站 D 向工作站 B 发送数据帧

（4）如果工作站 B 有回应，交换机将工作站 B 所连接的端口号和它的 MAC 地址信息"E1：0260.8c01.2222"保存在 MAC 地址表中。

这样，交换机可不断地"学习"各工作站所连接的端口号和它们的 MAC 地址。

（5）如果工作站 A 再次向工作站 B 发送数据帧，由于工作站 B 的 MAC 地址已经在 MAC 地址表中，所以通过查找 MAC 地址表可知，工作站 B 是连接在 E1 端口上的，于是交换机将数据帧转发到 E1 端口，而不会向其他端口（E2、E3 等）广播，如图 2-11 所示。

图 2-11　工作站 A 再次向工作站 B 发送数据帧

重新刷新工作站 B 的 MAC 地址超时时间。

（6）如果工作站 A 和工作站 B 通过集线器连接在交换机的 E0 端口上，则工作站 A 向工作站 B 发送数据帧时，通过查找 MAC 地址表可知，工作站 A 和工作站 B 处于相同的接口 E0，交换机将丢弃这个数据帧，而不会转发或广播该数据帧，如图 2-12 所示。

图 2-12　工作站 A 和工作站 B 通过集线器连接在交换机的 E0 端口上

2.7.2　交换机的帧转发方式

以太网交换机的帧转发方式有以下 3 种。

（1）直接交换方式（直通方式）。提供线速处理能力，交换机只读出帧的前 14 字节，便将帧传送到相应的端口上，不用判断是否出错，帧出错检测由目的节点完成。直接交换方式的优点是交换延迟小；缺点是缺乏错误检查，不支持不同速率端口之间的帧转发。

（2）存储转发交换方式。交换机需要完整地接收帧并进行差错检测。存储转发交换方式的优点是具有差错检测能力，并支持不同速率端口间的帧转发；缺点是交换延迟将会增大。

（3）改进的直接交换方式（免碎片转发方式）。结合上述两种方式，接收到前 64 字节后，判断帧头是否正确，如果正确则转发。对短帧而言，其交换延迟等同于直接交换方式的交换延迟；对长帧而言，因为只对帧头（地址和控制字段）进行检测，所以交换延迟将会减小。

2.7.3 冲突域和广播域

在共享式以太网中，由于所有的站点使用同一共享总线发送和接收数据，在某一时刻，只能有一个站点进行数据的发送，如果有另一个站点也在该时刻发送数据，那么这两个站点所发送的数据就会发生冲突，冲突的结果是双方的数据发送均不会成功，都需要重新发送。所有使用同一共享总线进行数据收发的站点就构成了一个冲突域。因此，集线器的所有端口处于同一个冲突域中。

广播域是指能够接收同一个广播消息的集合。在该集合中，任意一个站点发送的广播消息，处于该广播域中的所有站点都能接收到。所有工作在 OSI 参考模型第一层和第二层的站点处于同一个广播域中。

由此可知，在集线器或中继器中，所有的端口处于同一个冲突域中，同时处于同一个广播域中。在交换机或网桥中，所有的端口处于同一个广播域中，而不是同一个冲突域中，交换机或网桥的每个端口均是不同的冲突域，如图 2-13 所示。由于路由器的每个端口并不转发广播消息，所以路由器的每个端口均是不同的广播域。

图 2-13　交换机的冲突域和广播域

2.7.4 交换机的互连方式

最简单的局域网通常由一台交换机和若干台计算机终端组成。随着企业信息化步伐的加快，计算机数量成倍地增加，网络规模日益扩大，单一交换机环境已无法满足企业的需求，多交换机局域网应运而生。交换机互连技术得到了飞速发展，交换机的互连方式主要有交换机级联和交换机堆叠两种。

1. 交换机级联

级联是指两台或两台以上的交换机通过一定的方式相互连接，使端口数量得以扩充。交换机级联模式是组建中型和大型局域网的理想方式，可以综合利用各种拓扑设计技术和冗余技术实现层次化的网络结构。常见的 3 层网络是交换机级联的典型例子。目前，中型和大型企业网自上而下一般可分为 3 个层次：核心层、汇聚层和接入层。核心层一般采用千兆甚至万兆以太网技术，汇聚层采用 100Mbps/1000Mbps 以太网技术，接入层采用 100Mbps 以太网技术。这种结构实际上就是由各层次的多台交换机级联而成的。核心层交换机下连接若干台汇聚层交换机，汇聚层交换机下连接若干台接入层交换机，如图 2-14 所示。

图 2-14　交换机的级联

级联既可使用交换机的普通端口，也可使用专用的 Uplink 端口。当相互级联的两个端口分别为普通端口（MDI-×）和级联端口（MDI-‖）时，应使用直通线。当相互级联的两个端口均为普通端口或级联端口时，则应使用交叉线。

无论是 100Base-TX 快速以太网还是 1000Base-T 千兆以太网，级联交换机所使用的双绞线最大长度均可达到 100m，这个长度与交换机到计算机之间的最大长度完全相同。因此，级联除了能够扩充端口数量，还可以延伸网络范围。

（1）使用级联端口级联。目前，大多数交换机都提供专用的 Uplink 端口，如图 2-15 所示，使交换机之间的连接变得更加简单。Uplink 端口是专门用于与其他交换机连接的端口，可以利用直通线将该端口连接至其他交换机上除 Uplink 端口外的任何普通端口，如图 2-16 所示，这种连接方式与计算机和交换机之间的连接完全相同。另外，有些品牌的交换机使用一个普通端口兼作 Uplink 端口，并利用一个开关在两种端口类型间进行切换，如图 2-17 所示。

图 2-15　专用的 Uplink 端口

图 2-16　使用级联端口（Uplink）级联

图 2-17　普通端口兼作 Uplink 端口

（2）使用普通端口级联。如果交换机没有提供专门的级联端口，则使用交叉线将两台交换机的普通端口连接在一起，以扩充网络端口数量，如图 2-18 所示。值得注意的是，对一般的交换机使用普通端口连接时，必须使用交叉线而不是直通线。目前，一些新型的交换机具有自适应端口，可以使用直通线进行级联。

（3）使用光纤端口级联。目前，中高端交换机上都提供了光纤端口。在中型和大型企业网中，骨干交换机一般通过光纤端口与核心交换机进行级联。连接时需要注意的是，光纤的收发端口之间必须进行交叉连接，如图 2-19 所示。

图 2-18　使用普通端口级联　　　　　图 2-19　使用光纤端口级联

2．交换机堆叠

堆叠技术是目前在以太网交换机上扩展端口的又一种常用技术，并且是一种非标准化的技术，各厂商的交换机之间不支持混合堆叠，堆叠模式由各厂商制定。

堆叠与级联的不同之处主要有以下几点。

（1）使用堆叠技术互连的交换机之间距离必须非常近，通常为若干米，相对于级联（一般是 100m，采用光纤级联时距离可更远）来说要小得多。

（2）堆叠只能使用专用的模块和线缆，不是所有的交换机都可以进行堆叠，只有相同品牌的交换机才能使用堆叠技术进行互连。而级联可使用普通端口和 Uplink 端口，交换机级联没有品牌和类型的限制。

（3）使用堆叠技术互连的交换机可形成一个堆叠单元，这不仅增加了交换端口，还将提供比级联更好的数据转发性能，这是因为堆叠单元将堆叠交换机背板带宽聚集在一起，而级联只能共享级联端口的带宽。

交换机通常有两个堆叠端口，分别命名为 UP 和 DOWN，如图 2-20 所示，分别表示向上堆叠连接和向下堆叠连接。

图 2-20　交换机堆叠端口

堆叠技术是一种集中管理的端口扩充技术，无法提供拓扑管理，没有国际标准，且兼容性较差，但在需要大量端口的局域网中，堆叠可以提供比较优良的转发性能，并且方便管理。级联是组建网络的基础，可以灵活利用各种拓扑、冗余技术，在层次多的时候需要精心设计。

2.8　本章实训

实训：小型交换式对等网络的组建

1.　实训目标

（1）掌握使用交换机组建小型交换式对等网络的方法。

（2）掌握文件夹共享、打印机共享的设置方法。

2.　完成实训所需的设备和软件

（1）安装 Windows 7 操作系统的计算机 2 台（PC1、PC2）。

（2）交换机 1 台，直通线 2 根，打印机 1 台。

3.　网络拓扑结构

为了完成本次实训，搭建如图 2-21 所示的网络拓扑结构。

图 2-21　网络拓扑结构

4.　实施步骤

（1）硬件连接。

步骤 1：如图 2-21 所示，将 2 根直通线的两端分别插入每台计算机网卡的 RJ-45 端口和集线器的 RJ-45 端口中，检查网卡和集线器的相应指示灯是否亮起，判断网络是否正常联通。

步骤 2：将打印机连接到 PC1。

（2）配置 TCP/IP 协议。

步骤 1：配置 PC1 的 IP 地址为 192.168.10.10，子网掩码为 255.255.255.0；配置 PC2 的 IP

地址为 192.168.10.20，子网掩码为 255.255.255.0。设置方法可参考 1.5 节。

步骤 2：在 PC1 和 PC2 之间用 ping 命令测试网络的联通性。

（3）设置计算机名和工作组名。

步骤 1：右击 PC1 桌面上的"计算机"图标，在弹出的快捷菜单中选择"属性"命令，在打开的"系统"窗口中，单击"更改设置"，打开"系统属性"对话框，如图 2-22 所示。

步骤 2：在"计算机名"选项卡中，单击"更改"按钮，打开"计算机名/域更改"对话框，如图 2-23 所示。

图 2-22　"系统属性"对话框　　　　图 2-23　"计算机名/域更改"对话框

步骤 3：在"计算机名"文本框中可更改计算机的名称，如"PC1"；在"工作组"文本框中可更改计算机所在工作组的名称，默认为"WORKGROUP"。更改后重新启动计算机才生效。

说明　"计算机名"是计算机在局域网中的标识，且同一局域网中不能有重名。"工作组"是局域网中计算机的"群体"标识，没有强制性，每台计算机可以独立设置自己隶属的"工作组"（默认为"WORKGROUP"），但是为了便于在网络中查找，通常同一群体中的计算机设置相同的"工作组"，如同一办公室中的计算机的"工作组"可统一设置为"Office"。

（4）设置文件夹共享。

步骤 1：在 PC1 中，右击需要共享的文件夹（如 D:\share 文件夹），在弹出的快捷菜单中选择"属性"命令，在打开的"share 属性"对话框中，选择"共享"选项卡，单击"高级共享"按钮，如图 2-24 所示。

步骤 2：在打开的"高级共享"对话框中，选中"共享此文件夹"复选框，并设置共享名，如图 2-25 所示，单击"确定"按钮，返回"share 属性"对话框，单击"关闭"按钮。

在如图 2-25 所示的对话框中，单击"权限"按钮，可设置共享权限（默认权限为"读取"）。

步骤 3：单击桌面右下角的"网络"图标，再单击"打开网络和共享中心"，打开"网络和共享中心"窗口，如图 2-26 所示。

图 2-24　"share 属性"对话框

图 2-25　"高级共享"对话框

图 2-26　"网络和共享中心"窗口

　　步骤 4：单击左侧窗格中的"更改高级共享设置"，打开"高级共享设置"窗口，展开"家庭或工作"栏目，并选中"启用网络发现"和"关闭密码保护共享"单选按钮，再单击"保存修改"按钮，如图 2-27 所示（部分选项未显示）。

　　步骤 5：在 PC2 中，在资源管理器或 IE 浏览器的地址栏中输入"\\192.168.10.10"或"\\PC1"就可以访问共享资源（如共享文件夹"share"），如图 2-28 所示。

图 2-27 "高级共享设置"窗口

图 2-28 共享资源

（5）设置打印机共享。

除文件夹可以共享外，打印机也可以共享。若共享打印机，需要先在连接打印机的计算机中（如 PC1）安装打印机驱动程序。

步骤 1：在 PC1 中，选择"开始"→"设备和打印机"命令，打开"设备和打印机"窗口，如图 2-29 所示。

步骤 2：单击窗口顶部的"添加打印机"，打开"添加打印机"向导，如图 2-30 所示。

步骤 3：单击"添加本地打印机"，出现"选择打印机端口"界面，如图 2-31 所示。

步骤 4：选择打印机端口为"LPT1"，单击"下一步"按钮，出现"安装打印机驱动程序"界面，如图 2-32 所示。

步骤 5：选择的厂商为"Canon"，打印机型号为"Canon Inkjet MX850"，单击"下一步"按钮，出现"键入打印机名称"界面，如图 2-33 所示。

图 2-29　"设备和打印机"窗口

图 2-30　"添加打印机"向导（一）

图 2-31　"选择打印机端口"界面

图 2-32   "安装打印机驱动程序"界面

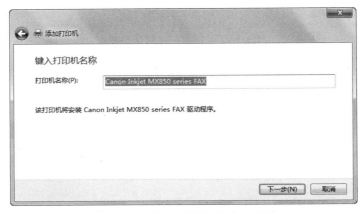

图 2-33   "键入打印机名称"界面

步骤 6：在"打印机名称"文本框中输入打印机的名称，也可以采用默认打印机名，单击"下一步"按钮，出现"打印机共享"界面，如图 2-34 所示。

图 2-34   "打印机共享"界面

步骤 7：选中"共享此打印机以便网络中的其他用户可以找到并使用它"单选按钮，设置"共享名称"为"Canon MX850"，还可以在"位置"和"注释"文本框中输入有关信息，然后单击"下一步"按钮，出现成功添加打印机的界面，如图 2-35 所示。

图 2-35　成功添加打印机

步骤 8：如果要测试打印机，单击"打印测试页"按钮。单击"完成"按钮，完成打印机的安装。

步骤 9：在 PC2 中，选择"开始"→"设备和打印机"命令，打开"设备和打印机"窗口。

步骤 10：单击窗口顶部的"添加打印机"，打开"添加打印机"向导，如图 2-36 所示。

图 2-36　"添加打印机"向导（二）

步骤 11：选择"添加网络、无线或 Bluetooth 打印机"，出现"正在搜索可用的打印机..."界面，如图 2-37 所示。

步骤 12：一般网络上的共享打印机会被自动搜索，如果没有搜索到，选择"我需要的打印机不在列表中"，出现"按名称或 TCP/IP 地址查找打印机"界面，如图 2-38 所示。选中"按名称选择共享打印机"单选按钮，输入 UNC 方式的共享打印机名称，如输入"\\192.168.10.10\Canon MX850"或"\\PC1\Canon MX850"。

图 2-37　"正在搜索可用的打印机..."界面

图 2-38　"按名称或 TCP/IP 地址查找打印机"界面

　　步骤 13：单击"下一步"按钮，最后单击"完成"按钮，由此便可完成网络共享打印机的安装，"设备和打印机"窗口中会新增一台打印机。

　　在应用程序中，使用共享打印机的方法和本地打印机是一样的。

2.9　本章习题

一、选择题

1. 关于共享介质局域网的描述中错误的是_____。

　　A．采用广播方式发送数据　　　　　　　B．所有网络节点使用同一信道

　　C．不需要介质访问控制方法　　　　　　D．数据在传输过程中可能发生冲突

2. 采用 CSMA/CD 介质访问控制方法的局域网适用于办公自动化环境。这类局域网在_____网络通信负荷情况下表现出较好的吞吐率与延迟特性。

　　A．较高　　　　　　　　　　　　　　　B．较低

　　C．中等　　　　　　　　　　　　　　　D．不限定

3. 如果 Ethernet 交换机有 4 个 100Mbps 全双工端口和 20 个 10Mbps 半双工端口，那么这台交换机的总带宽最高可以达到_____。

　　A．600Mbps　　　　B．1000Mbps　　　　C．1200Mbps　　　D．1600Mbps

4. 1000Base-T 标准支持的传输介质是_____。

　　A．单模光纤　　　　B．多模光纤　　　　C．非屏蔽双绞线　　D．屏蔽双绞线

5. 支持单模光纤的千兆以太网物理层标准是_____。

　　A．1000Base-LX　　B．1000Base-SX　　C．1000Base-CX　　D．1000Base-T

6. 10Gbps Ethernet 采用的标准是 IEEE_____。

　　A．802.3a　　　　　B．802.3ab　　　　　C．802.3ae　　　　D．802.3u

7. Token Ring 和 Token Bus 中的"令牌"是一种特殊结构的_____。

　　A．控制帧　　　　　B．LLC 帧　　　　　C．数据包　　　　D．无编号帧

8. IEEE 802.4 标准中，关于令牌总线（Token Bus）说法不正确的是_____。

　　A．从物理结构上看，它是一个总线型结构的局域网

　　B．从逻辑结构上看，它是一个环形结构的局域网

　　C．总线上站点的实际顺序与逻辑顺序是有关系的

　　D．从逻辑结构上看，令牌是按地址的递减顺序传送到下一个站点的

9. _____不是决定局域网特性的要素。

　　A．传输介质　　　　　　　　　　　　B．网络拓扑

　　C．介质访问控制方法　　　　　　　　D．网络应用

10. 在一个 Ethernet 中，有 A、B、C、D 4 台主机，如果 A 向 B 发送数据，那么_____。

　　A．只有 B 可以接收到数据　　　　　B．4 台主机都能接收到数据

　　C．只有 B、C、D 可以接收到数据　　D．4 台主机都无法接收到数据

11. 以太网帧的数据字段的最小长度是_____。

　　A．18B　　　　　　B．46B　　　　　　C．64B　　　　　D．1500B

12. 与以太网相比，令牌环网最大的优点是_____。

　　A．价格低廉　　　　B．易于维护　　　　C．高效可靠　　　D．实时性高

13. 在共享式的网络环境中，由于公共传输介质为多个节点所共享，所以有可能出现_____。

　　A．拥塞　　　　　　B．泄密　　　　　　C．冲突　　　　　D．交换

14. 局域网交换机的帧交换需要查询_____。

　　A．端口/MAC 地址映射表　　　　　　B．端口/IP 地址映射表

　　C．端口/介质类型映射表　　　　　　D．端口/套接字映射表

15. 组建局域网可以用集线器，也可以用交换机。用交换机连接的一组工作站_____。

　　A．同属一个冲突域，但不属一个广播域

　　B．同属一个冲突域，也同属一个广播域

　　C．不属一个冲突域，但同属一个广播域

　　D．不属一个冲突域，也不属一个广播域

二、填空题

1. 中继器、交换机、路由器分别工作在 OSI 参考模型的_____层、_____层和

_____层。

2．光纤分为单模和多模两种，单模光纤的性能_____多模光纤。

3．Ethernet 的 MAC 地址长度为_____bit。

4．局域网 IEEE 802 标准将数据链路层划分为介质访问控制子层与_____子层。

5．网桥可以在互联的多个局域网之间实现数据接收、地址_____与数据转发功能。

6．Ethernet Ⅱ规定，帧的数据字段的最大长度是_____。

7．共享型以太网采用_____介质访问控制方法。

8．_____是一种工作在数据链路层上的、基于 MAC 地址识别、具有封装转发数据包功能的网络设备。

9．_____设备工作在 OSI 参考模型的第三层（网络层），可以在多个网络上交换和路由数据包。

10．_____能互联异类的网络，它从一个网络中读取数据，剥去数据的老协议，然后用目的网络的新协议进行重新包装。

11．CSMA/CD，即带冲突检测的载波侦听多路访问控制方法，它的工作原理可概括为"_____、_____、_____、_____"。

12．_____标准定义了快速以太网的标准；_____标准定义了 1000Base-SX、1000Base-LX、1000Base-CX 3 种千兆以太网标准；_____标准定义了 1000Base-T 千兆以太网标准；_____标准定义了万兆以太网的标准。

13．万兆以太网仅支持_____作为传输介质，不存在介质争用问题，不再使用 CSMA/CD 介质访问控制方法，支持_____传输方式。

14．交换机的 MAC 地址表中包含_____、_____、_____等信息。

15．交换机的互连方式可分为_____和_____。

三、简答题

1．简述 CSMA/CD、令牌环和令牌总线的工作原理。

2．简述交换机与集线器的区别。

3．画出以太网的帧格式。

4．简述交换机的工作原理。

5．简述冲突域和广播域的区别。

四、实践操作题

到学院的网络中心、计算机中心、图书馆等场所进行参观，认识常见的网络连接设备，并画出网络拓扑结构图。

第3章

IP 地址与子网划分

学习目标

（1）熟练掌握 IPv4 协议和 IP 地址。

（2）熟练掌握子网划分的方法。

（3）了解 IPv6 协议。

3.1 IP 协议与网络层服务

只有 TCP/IP 协议允许与 Internet 完全连接。TCP/IP 协议是在 20 世纪 60 年代由麻省理工学院（MIT）和一些商业组织为美国国防部开发的，即便遭到核攻击而破坏了大部分网络，TCP/IP 协议仍然能够维持有效的通信。ARPAnet 就是基于 TCP/IP 协议开发的，并发展为科学家和工程师交流媒体的 Internet。TCP/IP 协议同时具备了可扩展性和可靠性等需求。Internet 公用化以后，人们开始发现 Internet 的强大功能。Internet 的普遍性是 TCP/IP 协议至今仍然被广泛使用的原因。用户常常在没有意识到的情况下，就在自己的计算机上安装了 TCP/IP 协议，从而使该网络协议在全球应用最广。IPv4 协议的 32 位寻址方案不足以支持越来越多的加入 Internet 的主机和网络数，所以 IPv4 协议正在逐步向 IPv6 协议过渡。

1．IP 互联网的工作原理

Internet 是将提供不同服务的、使用不同技术的、具有不同功能的网络互联起来形成的。IP 协议（Internet Protocol，网际协议）精确定义了 IP 数据报格式，并且对数据寻址和路由、数据报分片和重组、差错控制和处理等做出了具体规定。

IP 互联网的工作原理如下：假设主机 A 发送数据到主机 B，主机 A 的应用层形成的数据经传输层送往网络层处理；网络层将数据封装成 IP 数据包，并决定发送给最近的路由器；主机 A 利用以太网控制程序将 IP 数据包传送到路由器；路由器对数据包进行拆封和处理，如果仍需传输，再封装后利用网络层的广域网控制程序进行传输；经由通信子网传输到主机 B。

2．网络层所提供的服务

网络层提供的服务主要有以下 3 种。

（1）不可靠的数据投递服务。IP 互联网不能证实发送的报文是否被正确接收，即不能保证数据包的可靠传递。

（2）面向无连接的传输服务。从源节点到目的节点的数据包可能经过不同的传输路径，而且在传输过程中数据包有可能丢失，也有可能正确到达。

（3）尽最大努力投递服务。IP 数据包虽然是面向无连接的不可靠服务，但 IP 互联网并不随意丢弃数据包。只有系统资源用尽、接收数据错误或网络发生故障时，IP 互联网才被迫丢弃数据包。

3．IP 互联网的特点

IP 互联网的特点主要包括以下几点。

（1）IP 互联网隐藏了低层物理网络细节，为用户提供通用的、一致的网络服务。

（2）一个网络只要通过路由器与 IP 互联网中任意一个网络相连，就具有访问整个互联网的能力。

（3）信息可以跨网传输。

（4）网络中的计算机使用统一的、全局的地址描述法。

（5）IP 互联网平等对待互联网中的每一个网络。

3.2 IP 地址

3.2.1 IP 地址的结构和分类

根据 TCP/IP 协议可知，连接在 Internet 上的每台设备都必须至少有一个 IP 地址，它是一个 32 位的二进制数，可以用十进制数字形式书写，每 8 个二进制位为一组，用一个十进制数表示，即 0～255。每组之间用“.”隔开，如 192.168.43.10。

IP 地址包括 3 个部分：地址类别、网络号和主机号（为了方便划分网络，后面将“地址类别”和“网络号”合称“网络号”），如图 3-1 所示，这样做是为了方便寻址。IP 地址中的网络号用于标明不同的网络，而主机号则用于标明每一个网络中的主机地址。IP 地址主要分为 A、B、C、D、E 5 类，如图 3-2 所示。

图 3-1　IP 地址的结构

A 类	0	网络号(7 位)		主机号(24 位)	
B 类	10	网络号(14 位)		主机号(16 位)	
C 类	110	网络号(21 位)			主机号(8 位)
D 类	1110	多播地址(28 位)			
E 类	11110	保留用于将来和实验使用			

图 3-2　IP 地址的分类

（1）A 类大型网。高 8 位代表网络号，后 3 个 8 位代表主机号，网络号的最高位必须是

0。十进制的第 1 组数值所表示的网络号范围为 0～127，由于 0 和 127 有特殊用途，所以，有效的地址范围是 1～126。每个 A 类网络可连接 16 777 214（$2^{24}-2$）台主机。

（2）B 类中型网。前 2 个 8 位代表网络号，后 2 个 8 位代表主机号，网络号的最高位必须是 10。十进制的第 1 组数值范围为 128～191。每个 B 类网络可连接 65 534（$2^{16}-2$）台主机。

（3）C 类小型网。前 3 个 8 位代表网络号，低 8 位代表主机号，网络号的最高位必须是 110。十进制的第 1 组数值范围为 192～223。每个 C 类网络可连接 254（$2^{8}-2$）台主机。

（4）D 类和 E 类为特殊地址。D 类用于组播（多播）传送，十进制的第 1 组数值范围为 224～239。E 类保留用于将来和实验使用，十进制的第 1 组数值范围为 240～247。

3.2.2　特殊 IP 地址

IP 地址空间中的某些地址已经为特殊目的而保留，而且通常并不允许作为主机地址。特殊 IP 地址如表 3-1 所示。

表 3-1　特殊 IP 地址

网　络　号	主　机　号	地 址 类 型	用　　　途
Any	全 0	网络地址	代表一个网段
Any	全 1	直接广播地址	特定网段的所有节点
127	Any	回送地址	回送测试
全 0		所有网络	在路由器中作为默认路由
全 1		有限广播地址	本网段的所有节点

（1）网络地址。网络地址用于表示网络本身。具有正常的网络号部分，但主机号部分是全为 0 的 IP 地址称为网络地址。例如，129.5.0.0 就是一个 B 类网络地址。

（2）广播地址。广播地址用于向网络中的所有设备进行广播。具有正常的网络号部分，但主机号部分是全为 1（即 255）的 IP 地址称为直接广播地址。例如，129.5.255.255 就是一个 B 类的直接广播地址。

32 位全为 1（即 255.255.255.255）的 IP 地址称为有限广播地址，用于本网广播。

（3）回送地址。网络号部分不能以十进制的 127 开头，在地址中数字 127 保留给系统作为诊断使用，称为回送地址（回环地址）。例如，127.0.0.1 用于回路测试。

（4）私有地址。只能在局域网中使用、不能在 Internet 上使用的 IP 地址称为私有 IP 地址。当网络上的公有地址不足时，可以通过网络地址转换（Network Address Translation，NAT），利用少量的公有地址把大量配有私有地址的机器连接到公用网络上。

下列地址作为私有 IP 地址。

10.0.0.0～10.255.255.255，表示 1 个 A 类地址。

172.16.0.0～172.31.255.255，表示 16 个 B 类地址。

192.168.0.0～192.168.255.255，表示 256 个 C 类地址。

3.3 子网掩码与子网划分

3.3.1 子网掩码

子网掩码用于识别 IP 地址中的网络号和主机号。子网掩码也是 32 位二进制数字，在子网掩码中，对应网络号部分用 1 表示，主机号部分用 0 表示。由此可知，A 类网络的默认子网掩码是 255.0.0.0；B 类网络的默认子网掩码是 255.255.0.0；C 类网络的默认子网掩码是 255.255.255.0。还可以用网络前缀法表示子网掩码，即 "/<网络号位数>"，如 138.96.0.0/16 表示 B 类网络 138.96.0.0 的子网掩码为 255.255.0.0。

通过子网掩码与 IP 地址的按位求 "与" 操作，屏蔽主机号，可以得到网络号。例如，B 类地址 128.22.25.6，如果子网掩码为 255.255.0.0，按位求 "与" 后，得到的网络号为 128.22.0.0；如果子网掩码为 255.255.255.0，按位求 "与" 后，得到的网络号为 128.22.25.0。

3.3.2 子网划分

我们可以发现，在 A 类地址中，每个网络最多可以容纳 16 777 214（$2^{24}-2$）台主机；在 B 类地址中，每个网络最多可以容纳 65 534（$2^{16}-2$）台主机。在网络设计中一个网络内部不可能有这么多台机器，并且 IPv4 协议面临 IP 地址资源短缺的问题，在这种情况下，可以采取划分子网的办法有效地利用 IP 地址资源。

子网划分是通过借用 IP 地址的若干位主机位来充当子网地址（子网号）从而将原网络划分为若干子网而实现的，如图 3-3 所示。划分子网时，随着子网地址借用主机位数增多，子网的数目随之增加，而每个子网中的可用主机数逐渐减少。

图 3-3　划分子网

以 C 类网络为例，原有 8 位主机位，256（2^8）个主机地址，默认子网掩码为 255.255.255.0。网络管理员可以将这 8 位主机位分成两部分：一部分作为子网标识；另一部分作为主机标识。作为子网标识的位数为 2～6 位，如果子网标识的位数为 m，则该网络总共可以划分为 2^m-2 个子网（需要注意的是，子网标识不能全为 1，也不能全为 0），与之对应主机标识的位数为 $8-m$，每个子网中可以容纳 $2^{8-m}-2$ 台主机（需要注意的是，主机标识不能全为 1，也不能全为 0）。根据子网标识借用的主机位数，可以计算出划分的子网数、子网掩码、每个子网主机数等，如表 3-2 所示。

表 3-2　C 类网络的子网划分

子网位数（m）	划分子网数（2^m-2）	子网掩码（二进制）	子网掩码（十进制）	每个子网的主机数（$2^{8-m}-2$）
2	2	11111111.11111111.11111111.11000000	255.255.255.192	62

续表

子网位数（m）	划分子网数（2^m-2）	子网掩码（二进制）	子网掩码（十进制）	每个子网的主机数（$2^{8-m}-2$）
3	6	11111111.11111111.11111111.11100000	255.255.255.224	30
4	14	11111111.11111111.11111111.11110000	255.255.255.240	14
5	30	11111111.11111111.11111111.11111000	255.255.255.248	6
6	62	11111111.11111111.11111111.11111100	255.255.255.252	2

在表 3-2 列举的 C 类网络中，若子网占用 7 位主机位时，主机位只剩一位，无论设为 0 还是 1，都意味着主机位全是 0 或全是 1。由于主机位全是 0 表示本网络，全是 1 留作广播地址，这时子网实际上没有可用的主机地址，所以主机位至少应保留 2 位。

B 类网络的子网划分如表 3-3 所示。

表 3-3　B 类网络的子网划分

子网位数（m）	划分子网数（2^m-2）	子网掩码（二进制）	子网掩码（十进制）	每个子网的主机数（$2^{8-m}-2$）
2	2	11111111.11111111.11000000.00000000	255.255.192.0	16 382
3	6	11111111.11111111.11100000.00000000	255.255.224.0	8190
4	14	11111111.11111111.11110000.00000000	255.255.240.0	4094
5	30	11111111.11111111.11111000.00000000	255.255.248.0	2046
6	62	11111111.11111111.11111100.00000000	255.255.252.0	1022
7	126	11111111.11111111.11111110.00000000	255.255.254.0	510
8	254	11111111.11111111.11111111.00000000	255.255.255.0	254
9	510	11111111.11111111.11111111.10000000	255.255.255.128	126
10	1022	11111111.11111111.11111111.11000000	255.255.255.192	62
11	2046	11111111.11111111.11111111.11100000	255.255.255.224	30
12	4094	11111111.11111111.11111111.11110000	255.255.255.240	14
13	8190	11111111.11111111.11111111.11111000	255.255.255.248	6
14	16 382	11111111.11111111.11111111.11111100	255.255.255.252	2

1．划分子网的步骤

划分子网的步骤如下。

（1）确定要划分的子网数目以及每个子网的主机数目。

（2）求出子网数目对应二进制数的位数 N 以及主机数目对应二进制数的位数 M。

（3）将该 IP 地址的原有子网掩码的主机地址部分的前 N 位置 1（其余全置 0）或后 M 位置 0（其余全置 1），即得出该 IP 地址划分子网后的新子网掩码。

例如，对于 B 类网络 135.41.0.0/16 需要划分为 20 个能容纳 200 台主机的网络。因为 14＜20＜30，即 $2^4-2＜20＜2^5-2$，所以子网位只需要占用 5 位主机位就可划分成 30 个子网，可以满足划分成 20 个子网的要求。B 类网络的默认子网掩码是 255.255.0.0，转换为二进制为 11111111.11111111.00000000.00000000。现在子网又占用了 5 位主机位，根据子网掩码的定义可知，划分子网后的子网掩码应该为 11111111.11111111.11111000.00000000，转换为十进制应该为 255.255.248.0。由此可知，子网中可用主机位还有 11（16-5）位，$2^{11}=2048$，去掉主机位全为 0 和全为 1 的情况，还有 2046（2048-2）个主机标识可以分配，而子网能容纳 200 台主机就能满足需求，按照上述方式划分子网，每个子网能容纳的主机数目远大于需求的主机数目，由此造成了 IP 地址资源的浪费。为了更有效地利用资源，也可以根据子网所需主机数划分子网。例如，128-2＜200＜256-2，即 $2^7-2<200<2^8-2$，也就是说，在 B 类网络的 16 位主机位中，保留 8 位主机位，其他的 8（16-8）位作为子网位，可以将 B 类网络 138.96.0.0 划分成 254（2^8-2）个能容纳 254（256-2）台主机的子网。此时的子网掩码为 11111111.11111111.11111111.00000000，转换为十进制为 255.255.255.0。

在上例中，分别根据子网数和主机数划分了子网，得到了两种不同的结果，都能满足需求。实际上，子网占用 5～8 位主机位时所得到的子网都能满足上述需求。所以，在实际工作中，应按照一定的原则决定子网位占用几位主机位。

2．划分子网时的注意事项

（1）在划分子网时，不仅要考虑目前的需求，还应了解将来需要多少子网和主机。子网掩码使用较多的主机位，可以得到更多的子网，节约了 IP 地址资源，若将来需要更多子网时，不必再重新分配 IP 地址，但每个子网的主机数量有限；反之，子网掩码使用较少的主机位，每个子网的主机数量允许有更大的增长，但可用子网数量有限。

（2）一般来说，一个网络中的节点数太多，网络会因为广播通信而饱和。所以，网络中主机数量的增长是有限的，也就是说，在条件允许的情况下，应将更多的主机位用于子网位。

可见，子网掩码的设置关系到子网的划分。设置不同的子网掩码，所得到的子网就不同，每个子网能容纳的主机数目也不同。若设置错误，可能会导致数据传输错误。

3．划分子网的优点

划分子网具有以下几方面优点。

（1）充分利用 IP 地址。由于 A 类网络或 B 类网络的地址空间太大，所以在不使用路由设备的单一网络中无法使用全部 IP 地址。例如，对于一个 B 类网络 172.17.0.0，可以有 65 534（$2^{16}-2$）台主机，这么多台主机在单一的网络下是无法工作的。因此，为了能更有效地利用 IP 地址空间，有必要把可用的 IP 地址分配给更多较小的网络。

（2）简化管理。划分子网还可以简化网络管理。当一个网络被划分为多个子网时，每个子网中的站点数量就会大大减少，每个子网也就变得更加容易管理和控制。每个子网的用户、计算机及其子网资源可以让不同的管理员进行管理，减轻了单人管理大型网络的负担。

（3）提高网络性能。在一个网络中，随着网络用户和主机数量的增加，网络通信也将变得繁忙。而繁忙的网络通信很容易导致冲突、丢失数据包及数据包重传，因而降低了主机之间的通信效率。而如果将一个大型网络划分为若干个子网，并通过路由器将其连接起来，则可以减少网络拥塞。这些路由器就像一堵墙把子网隔离开来，使本地的通信不会转发到其他子网中，使同一个子网中主机之间进行广播和通信，并且只能在各自的子网中进行。

3.4　IP 数据报格式

IP 数据报分为两大部分：报头和数据区。其中，报头只是为了正确传输高层（即传输层）数据而增加的控制信息，数据区包括高层需要传输的数据。

IPv4 数据报格式如图 3-4 所示。

图 3-4　IPv4 数据报格式

1．IPv4 数据报的主要字段

（1）版本：占 4 位，指明 IP 协议的版本号（一般是 4，即 IPv4），不同 IP 版本规定的数据格式不同。

（2）报头长度：占 4 位，指明数据报报头的长度。以 32 位（即 4 字节）为单位，当报头中无可选项时，报头的基本长度为 5 个单位（即 20 字节）。

（3）服务类型：占 8 位，其中 3 位用于标识优先级，4 个标志位为 D（延迟）、T（吞吐量）、R（可靠性）和 C（代价），另外 1 位未用。

（4）总长度：占 16 位，数据报的总长度，包括头部和数据，以字节为单位。

（5）标识：占 16 位，源主机赋予 IP 数据报的标识符，目的主机利用此标识判断此分片属于哪个数据报，以便重组。

当 IP 分组在网上传输时，可能要跨越多个网络，但每个网络都规定了一个帧最多携带的数据量（此限制称为最大传输单元 MTU），当长度超过 MTU 时，就需要将数据分成若干个较小的部分（分片），然后独立发送每个分片。目的主机接收到分片后的数据报后，对分片重新组装（重组）。

（6）标志：占 3 位，告诉目的主机该数据报是否已经分片，是否是最后的分片。

（7）片偏移：占 13 位，指示本片数据在初始 IP 数据报（未分片时）中的位置，以 8 字节为单位。

（8）生存时间（Time To Live，TTL）：占 8 位，设计一个计数器，当计数器值为 0 时，数据报被删除，避免循环发送。

（9）协议：占 8 位，指示传输层所采用的协议，如 TCP、UDP 协议等。

（10）首部校验和：占 16 位，只校验数据报的报头，不包括数据部分。

（11）IP 地址：各占 32 位的源 IP 地址和目的 IP 地址分别表示数据报发送者与接收者的 IP 地址，在整个数据报传输过程中，这两个字段的值一直保持不变。

（12）可选字段（选项）：主要用于控制和测试。既然是选项，用户可以使用，也可以不使用，但实现 IP 协议的设备必须能处理 IP 选项。

（13）填充：在使用选项的过程中，如果造成 IP 数据报的报头不是 32 位的整数倍，这时需要使用"填充"字段凑齐。

（14）数据部分：本域常包含送往传输层的 TCP 或 UDP 数据。

2．IP 选项

IP 选项主要有以下 3 个。

（1）源路由，是指 IP 数据包穿越互联网所经过的路径由源主机指定，包括严格路由选项和松散路由选项。严格路由选项规定 IP 数据包要经过路径上的每一个路由器，相邻的路由器之间不能有其他路由器，并且经过的路由器的顺序不能改变。松散路由选项给出数据包必须要经过的路由器列表，并且要求按照列表中的顺序前进，但是，在途中允许经过其他的路由器。

（2）记录路由，记录 IP 数据包从源主机到目的主机所经过的路径上各个路由器的 IP 地址，用于测试网络中路由器的路由配置是否正确。

（3）时间戳，记录 IP 数据包经过每一个路由器时的时间（以 ms 为单位）。

3.5 IPv6 协议

IPv4 协议定义 IP 地址的长度为 32 位，Internet 上的每台主机至少分配了 1 个 IP 地址，同时为提高路由效率将 IP 地址进行了分类，造成了 IP 地址的浪费。网络用户和节点的增长不仅导致了 IP 地址的短缺，也导致路由表迅速膨胀。

针对 IPv4 协议的不足，国际互联网工程任务组（The Internet Engineering Task Force，IETF）的 IPng 工作组于 1994 年 9 月提出了一个正式的草案，即 *The Recommendation for the IP Next Generation Protocol*，1995 年年底确定了 IPng 的协议规范，并称为 "IP 版本 6（IPv6）"，以与现在的 IP 版本 4 进行区分。

1．IPv6 协议的优点

与 IPv4 协议相比，IPv6 协议主要有以下几方面优点。

（1）超大的地址空间。IPv6 协议将 IP 地址从 32 位增加到 128 位，所包含的 IP 地址数目高达 2^{128}（约为 10^{38}）个。如果所有地址平均分散在整个地球表面，每平方米大约有 10^{24} 个地址，远远超过了地球上的人数。

（2）更好的首部格式。IPv6 协议采用了新的首部格式，将选项与基本首部分开，并将选项插入首部与上层数据之间。首部具有固定的 40 字节的长度，简化和加速了路由选择的过程。

（3）增加了新的选项。IPv6 协议有一些新的选项可以实现附加的功能。

（4）允许扩充。留有充分的备用地址空间和选项空间，当有新的技术或应用需要时允许协议进行扩充。

（5）支持资源分配。IPv6 协议删除了 IPv4 协议中的服务类型，但增加了流标记字段，可用来标识特定的用户数据流或通信量类型，以支持实时音频和视频等需要实时通信的通信量。

（6）增加了安全性考虑。扩展了对认证、数据一致性和数据保密的支持。

2．IPv6 地址

（1）IPv6 地址的表示。IPv6 地址采用 128 位二进制数，其表示格式有以下几种。

① 首选格式：按 16 位一组，每组转换为 4 位十六进制数，并用冒号隔开。例如，"21DA:0000:0000:0000:02AA:000F:FE08:9C5A"。

② 压缩表示：一组中的前导 0 可以不写；在有多个 0 连续出现时，可以用一对冒号取代，且只能取代一次。例如，上面的地址可表示为 "21DA:0:0:0:2AA:F:FE08:9C5A" 或

"21DA::2AA:F:FE08:9C5A"。

③ 内嵌 IPv4 地址的 IPv6 地址：为了从 IPv4 地址平稳过渡到 IPv6 地址，IPv6 地址引入了一种特殊的格式，即在 IPv4 地址前置 96 个 0，保留十进制点分格式，如 "::192.168.0.1"。

（2）IPv6 掩码。与无类别域间路由（Classless Inter-Domain Routing，CIDR）类似，IPv6 掩码采用前缀表示法，即表示为 IPv6 地址/前缀长度，如 "21DA::2AA:F:FE08:9C5A/64"。

（3）IPv6 地址类型。IPv6 地址有 3 种类型，即单播、组播和任播。IPv6 地址取消了广播类型。

① 单播地址。单播地址是点对点通信时使用的地址，该地址仅标识一个接口，网络负责将向单播地址发送的分组发送到这个接口上。

② 组播地址。组播地址（前 8 位均为 "1"）表示主机组，它标识一组网络接口，发送给组播的分组必须交付到该组中的所有成员。

③ 任播地址。任播地址也表示主机组，但它用于标识属于同一个系统的一组网络接口（通常属于不同的节点），路由器会将目的地址是任播地址的数据包发送给距离本地路由器最近的一个网络接口。例如，移动用户上网就需要因地理位置的不同而接入离用户距离最近的一个接收站，这样才可以使移动用户在地理位置上不受太多的限制。

当一个单播地址被分配给多于 1 个的接口时，就属于任播地址。任播地址从单播地址中分配，可使用单播地址的任何格式，从语法上看，任播地址与单播地址没有任何区别。

（4）特殊 IPv6 地址。

当所有 128 位都为 0 时（即 0:0:0:0:0:0:0:0），如果主机不知道自己的 IP 地址，在发送查询报文时用作源地址。需要注意的是，该地址不能用作目的地址。

当前 127 位为 0，而第 128 位为 1 时（即 0:0:0:0:0:0:0:1），作为回送地址使用。

当前 96 位为 0，而最后 32 位为 IPv4 地址时，用作 IPv4 地址向 IPv6 地址过渡期两者兼容时使用的内嵌 IPv4 地址的 IPv6 地址。

3．IPv6 数据报格式

IPv6 数据报由一个 IPv6 的基本报头、多个扩展报头和一个高层协议数据单元组成。基本报头长度为 40 字节，一些可选的内容放在扩展报头部分实现，这种设计方法可以提高数据报的处理效率。IPv6 数据报格式不向下兼容 IPv4 数据报。

IPv6 数据报格式如图 3-5 所示。

IPv6 数据报的主要字段有以下几个。

（1）版本：占 4 位，取值为 6，表示是 IPv6 协议。

（2）通信流类别：占 8 位，表示 IPv6 协议的数据报类型或优先级，以提供区分服务。

（3）流标签：占 20 位，用来标识这个 IP 数据报属于源节点和目的节点之间的一个特定数据报序列。流是指从某个源节点向目的节点发送的分组群中，源节点要求中间路由器进行特殊处理的分组。

（4）有效载荷长度：占 16 位，是指除基本报头外的数据，包含扩展报头和高层数据。

（5）下一个报头：占 8 位，如果存在扩展报头，该字段的值用于指定下一个扩展报头的类型；如果无扩展报头，该字段的值用于指定高层数据的类型，如 TCP（6）、UDP（17）等。

（6）跳数限制：占 8 位，是指 IP 数据报被丢弃之前可以被路由器转发的次数。

（7）源 IP 地址：占 128 位，是指发送方的 IPv6 地址。

图 3-5　IPv6 数据报格式

（8）目的 IP 地址：占 128 位，在大多数情况下，该字段为最终目的节点的 IPv6 地址，如果有路由扩展报头，目的地址可能为下一个转发路由器的 IPv6 地址。

（9）IPv6 扩展报头：扩展报头是可选报头，紧接在基本报头之后，IPv6 数据报可包含多个扩展报头，而且扩展报头的长度并不固定，IPv6 扩展报头代替了 IPv4 报头中的选项字段。

IPv6 的基本报头为固定的 40 字节，一些可选报头信息由 IPv6 扩展报头实现。IPv6 数据报的基本报头中"下一个报头"字段指定第一个扩展报头类型。每个扩展报头中都包含"下一个报头"字段，用于指定后继扩展报头类型。最后一个扩展报头中的"下一个报头"字段指定高层协议的类型。

扩展报头有以下几种。

① 逐跳选项报头：类型为 0，由中间路由器处理的扩展报头。

② 目的站选项报头：类型为 60，用于携带由目的节点检查的信息。

③ 路由报头：类型为 43，用于指定数据报从数据源到目的节点传输过程中需要经过的一个或多个中间路由器。

④ 分片报头：类型为 44，IPv6 协议对分片的处理与 IPv4 协议类似，该字段包括数据报标识符、分片号和是否终止标识符。在 IPv6 协议中，只能由源主机对数据报进行分片，源主机对数据报分片后要加分片选项扩展报头。

⑤ 认证报头：类型为 51，用于携带通信双方进行认证所需的参数。

⑥ 封装安全有效载荷报头：类型为 52，与认证报头结合使用，也可单独使用，用于携带通信双方进行认证和加密所需的参数。

4．IPv6 地址的自动配置

IPv6 地址的自动配置分为两类：无状态地址配置和有状态地址配置。

（1）无状态地址配置：128 位的 IPv6 地址由 64 位前缀和 64 位网络接口标识符（网卡 MAC 地址，IPv6 地址中 IEEE 已经将网卡 MAC 地址由 48 位改为 64 位）组成。

如果主机与本地网络的主机通信，可以直接通信，这是因为它们处于同一网络中，有相同的 64 位前缀。

如果与其他网络互联，主机需要从网络中的路由器中获得该网络所使用的网络前缀，然后与 64 位网络接口标识符结合形成有效的 IPv6 地址。

（2）有状态地址配置：自动配置需要 DHCPv6 服务器的支持，主机向本地连接中的所有 DHCPv6 服务器发送多点广播"DHCP 请求信息"，DHCPv6 将"DHCP 应答消息"中分配的地址返回请求主机，主机利用该地址作为自己的 IPv6 地址进行配置。

3.6　本章实训

3.6.1　实训 1：IP 地址与子网划分

1．实训目标

（1）正确配置 IP 地址和子网掩码。

（2）掌握子网划分的方法。

2．完成实训所需的设备和软件

（1）安装 Windows 7 操作系统的计算机 5 台（PC1、PC2、PC3、PC4、PC5）。

（2）交换机 1 台，直通线 5 根。

3．网络拓扑结构

为了完成本次实训，搭建如图 3-6 所示的网络拓扑结构。

图 3-6　小型对等网络的拓扑结构

4．实施步骤

（1）硬件连接。

如图 3-6 所示，将 5 根直通线的两端分别插入每台计算机网卡的 RJ-45 端口和交换机的

RJ-45 端口中，检查网卡和交换机的相应指示灯是否亮起，从而判断网络是否正常联通。

（2）TCP/IP 协议的配置。

步骤 1：配置 PC1 的 IP 地址为 192.168.1.10，子网掩码为 255.255.255.0；配置 PC2 的 IP 地址为 192.168.1.20，子网掩码为 255.255.255.0；配置 PC3 的 IP 地址为 192.168.1.30，子网掩码为 255.255.255.0；配置 PC4 的 IP 地址为 192.168.1.40，子网掩码为 255.255.255.0；配置 PC5 的 IP 地址为 192.168.1.50，子网掩码为 255.255.255.0。

步骤 2：用 ping 命令测试 PC1、PC2、PC3、PC4、PC5 之间的网络联通性，并将测试结果填入表 3-4 中。

表 3-4　计算机之间的联通性（一）

计算机	PC1	PC2	PC3	PC4	PC5
PC1	—				
PC2		—			
PC3			—		
PC4				—	
PC5					—

（3）划分子网 1。

步骤 1：保持 PC1、PC2、PC3 这 3 台计算机的 IP 地址不变，但将它们的子网掩码都修改为 255.255.255.224。

步骤 2：用 ping 命令测试 PC1、PC2、PC3 之间的网络联通性，并将测试结果填入表 3-5 中。

表 3-5　计算机之间的联通性（二）

计算机	PC1	PC2	PC3
PC1	—		
PC2		—	
PC3			—

（4）划分子网 2。

步骤 1：保持 PC4、PC5 这两台计算机的 IP 地址不变，但将它们的子网掩码都修改为 255.255.255.224。

步骤 2：用 ping 命令测试 PC4 和 PC5 之间的网络联通性，并将测试结果填入表 3-6 中。

表 3-6　计算机之间的联通性（三）

计算机	PC4	PC5
PC4	—	
PC5		—

（5）子网 1 和子网 2 之间的联通性测试。

用 ping 命令测试 PC1、PC2、PC3（子网 1）与 PC4、PC5（子网 2）之间的网络联通性，并将测试结果填入表 3-7。

说明　由于各个子网在逻辑上是独立的，所以没有路由器的转发，子网之间的主机不可能相互通信，尽管这些主机可能处于同一个物理网络中。

表 3-7　子网之间的联通性

子网（计算机）		子网 2	
		PC4	PC5
子网 1	PC1		
	PC2		
	PC3		

3.6.2　实训 2：IPv6 协议的使用

1. 实训目标

掌握 IPv6 协议的配置方法。

2. 完成实训所需的设备和软件

安装 Windows 7 操作系统的计算机 1 台。

3. 实施步骤

（1）手动配置 IPv6 协议。

Windows 7、Windows Server 2008 等操作系统已支持 IPv6 协议。在使用 IPv6 协议时，对 IPv4 协议站点间的通信没有影响，互不干扰。在 Windows 7 操作系统中添加 IPv6 协议的操作步骤如下。

步骤 1：右击桌面上的"网络"图标，在弹出的快捷菜单中选择"属性"命令，打开"网络和共享中心"窗口。

步骤 2：单击窗口左上角的"更改适配器设置"，打开"网络连接"窗口。

步骤 3：右击"本地连接"，在弹出的快捷菜单中选择"属性"命令，打开"本地连接 属性"对话框。

步骤 4：选择"Internet 协议版本 6（TCP/IPv6）"选项，再单击"属性"按钮，打开"Internet 协议版本 6（TCP/IPv6）属性"对话框。

步骤 5：输入 ISP 给定的 IPv6 地址，包括网关等信息。

步骤 6：输入完成后，选择"开始"→"运行"命令，在"运行"对话框中输入"cmd"命令，单击"确定"按钮，进入命令提示符模式，可以用"ping ::1"命令验证 IPv6 协议的安装是否正确，如图 3-7 所示。

图 3-7　用 ping 命令验证 IPv6 协议的安装是否正确

（2）使用程序配置 IPv6 协议。

步骤 1：选择"开始"→"运行"命令，在"运行"对话框中输入"netsh"命令，单击"确定"按钮，进入系统网络参数设置环境。

步骤 2：设置 IPv6 地址及默认网关。如果网络管理员分配给客户端的 IPv6 地址为"2010:da8:207::1010"，默认网关为"2010:da8:207::1001"，则在系统网络参数设置环境中执行如下两条命令，可设置 IPv6 地址和默认网关，如图 3-8 所示。

```
interface ipv6 add address "本地连接" 2010:da8:207::1010
interface ipv6 add route ::/0 "本地连接" 2010:da8:207::1001 publish=yes
```

图 3-8　使用程序配置 IPv6 协议

步骤 3：查看"本地连接"的"Internet 协议版本 6（TCP/IPv6）属性"，可以发现 IPv6 地址已经配置好，如图 3-9 所示。

图 3-9　"Internet 协议版本 6（TCP/IPv6）属性"对话框

3.7 本章习题

一、选择题

1. 下面_____不是有效的 IP 地址。
   A. 193.254.8.1　　　　　　　　　　B. 193.8.1.2
   C. 193.1.25.8　　　　　　　　　　 D. 193.1.8.257

2. 下面_____为回送地址。
   A. 128.0.0.1　　　B. 127.0.0.1　　　C. 126.0.0.1　　　D. 125.0.0.1

3. 如果主机 IP 地址为 202.130.82.97，子网掩码为 255.255.192.0，那么它所处的网络为_____。
   A. 202.64.0.0　　　B. 202.130.0.0　　　C. 202.130.64.0　　　D. 202.130.82.0

4. 如果一台主机的 IP 地址为 202.113.224.68，子网掩码为 255.255.255.240，那么这台主机的主机号为_____。
   A. 4　　　　　　B. 6　　　　　　C. 8　　　　　　D. 68

5. 如果借用 C 类 IP 地址中的 4 位主机号划分子网，那么子网掩码应该为_____。
   A. 255.255.255.0　　　　　　　　　B. 255.255.255.128
   C. 255.255.255.192　　　　　　　　D. 255.255.255.240

6. 关于 IP 协议，下列叙述中_____是错误的。
   A. IP 协议规定了 IP 地址的具体格式
   B. IP 协议规定了 IP 地址与其域名的对应关系
   C. IP 协议规定了 IP 数据报的具体格式
   D. IP 协议规定了 IP 数据报的分片和重组原则

7. IP 服务的 3 个主要特点是_____。
   A. 不可靠、面向无连接和尽最大努力投递
   B. 可靠、面向连接和尽最大努力投递
   C. 不可靠、面向连接和全双工
   D. 可靠、面向无连接和全双工

8. 在没有选项和填充的情况下，IPv4 数据报报头长度域的值应该为_____。
   A. 3　　　　　　B. 4　　　　　　C. 5　　　　　　D. 6

9. 关于 IP 数据报报头的描述中，错误的是_____。
   A. 版本域表示数据报使用的 IP 协议版本
   B. 协议域表示数据报要求的服务类型
   C. 头部校验和域用于保证 IP 报头的完整性
   D. 生存周期域表示数据报的存活时间

10. 在 IP 数据报分片后，负责 IP 数据报重组的设备通常是_____。
    A. 分片途经的路由器　　　　　　　B. 源主机
    C. 分片途经的交换机　　　　　　　D. 目的主机

11．一个 IPv6 地址为 21DA:0000:0000:0000:02AA:000F:FE08:9C5A，如果采用双冒号表示法，那么该 IPv6 地址可以简写为_____。

    A．0x21DA::0x2AA:0xF:0xFE08:0x9C5A

    B．21DA::2AA:F:FE08:9C5A

    C．0h21DA:0h2AA:0hF:0hFE08:0h9C5A

    D．21DA::2AA::F::FE08::9C5A

12．IPv6 数据报的基本报头（不包括扩展报头）长度为_____。

    A．20B   B．30B   C．40B   D．50B

13．下面_____不是多播地址。

    A．224.0.1.1   B．232.0.0.1

    C．233.255.255.1   D．240.255.255.1

二、填空题

1．IP 地址包括 3 个部分：_____、_____和_____。

2．IP 地址主要分为 A、B、C、D、E 5 类：A 类 IP 地址的网络号范围为_____；B 类 IP 地址的网络号范围为_____；C 类 IP 地址的网络号范围为_____；D 类 IP 地址用于_____，其网络号范围为_____；E 类 IP 地址保留用于_____，其网络号范围为_____。

3．IP 地址 127.0.0.1 称为_____，用于_____。

4．IP 地址 255.255.255.255 称为_____，用于_____。

5．如果一个 IP 地址为 202.93.120.34 的主机需要向 202.93.120.0 网络进行直接广播，那么它使用的直接广播地址为_____。

6．如果一个 IP 地址为 10.1.2.20 且子网掩码为 255.255.255.0 的主机需要发送一个有限广播数据包，那么该有限广播数据包的目的地址为_____。

7．Internet 的核心协议是_____。

8．IP 数据报的源路由选项分为两类：一类为严格源路由，另一类为_____源路由。

9．如果借用 C 类 IP 地址中的 3 位主机号划分子网，则子网掩码应该为_____。

10．IPv6 的地址长度为_____位。

11．一个 IPv6 地址为 21DA:0000:0000:0000:12AA:2C5F:FE08:9C5A，如果采用双冒号表示法，那么该 IPv6 地址可以简写为_____。

三、简答题

1．什么是广播地址？什么是私有地址？

2．IP 数据报选项由哪几部分组成？

3．与 IPv4 协议相比，IPv6 协议有哪些优点？

4．在 172.16.0.0/16 网段中，要求划分 80 个以上的子网，那么每个子网可以容纳的主机数是多少？在 192.168.1.0/24 网段中，要求每个子网至少可以容纳的主机数为 16 台，那么可以划分成多少个子网？

5．某公司需要组建内部网络，该公司有工程技术部、市场部、财务部和办公室四大部门，每个部门有 20～30 台计算机。

（1）要将这几个部门从网络上进行区分，如果分配该公司使用的 IP 地址为一个 C 类地址，网络地址为 192.168.10.0，如何划分网络可以将这几个部门分开？

（2）确定各部门的网络地址和子网掩码，并写出分配给每个部门网络中的主机 IP 地址范围。

6．A、B、C、D 4 台主机都处在同一个物理网络中。其中，A 主机的 IP 地址是 193.168.3.190，B 主机的 IP 地址是 193.168.3.65，C 主机的 IP 地址是 193.168.3.78，D 主机的 IP 地址是 193.168.3.97，它们共同的子网掩码是 255.255.255.224。

（1）A、B、C、D 4 台主机之间哪些可以直接通信？为什么？

（2）请写出各子网的地址。

（3）若要加入第 5 台主机 E，使它能与 D 主机直接通信，其 IP 地址的设定范围应是多少？

7．对于 C 类网络 192.168.1.0/27，用 3 位主机位表示子网号，请写出各子网的网络号以及各子网的主机号范围。

第4章

虚拟局域网技术

学习目标

（1）熟练掌握交换机的管理与基本配置的方法。

（2）掌握 VLAN 的工作原理。

（3）掌握 Trunk 技术，了解 VLAN 中继协议。

（4）熟练掌握单交换机和多交换机上的 VLAN 划分。

4.1 交换机的管理与基本配置

4.1.1 交换机的硬件组成

如同计算机一样，交换机或路由器也由硬件和软件两部分组成。硬件包括 CPU、存储介质、端口等；软件主要是 IOS（Internetwork Operating System，网间操作系统）。交换机的端口主要有以太网端口（Ethernet）、快速以太网端口（Fast Ethernet）、吉比特以太网端口（Gigabit Ethernet）和控制台端口（Console）等。存储介质主要有 RAM、ROM、Flash 和 NVRAM。

（1）CPU：提供控制和管理交换机功能，包括所有网络通信的运行，通常由称为 ASIC 的专用硬件来完成。

（2）RAM 和 ROM：RAM 主要用于辅助 CPU 工作，对 CPU 处理的数据进行暂时存储；ROM 主要用于保存交换机或路由器的启动引导程序。

（3）Flash：用来保存交换机或路由器的 IOS 程序。当交换机或路由器重新启动时并不擦除 Flash 中的内容。

（4）NVRAM：非易失性 RAM，用于保存交换机或路由器的配置文件。当交换机或路由器重新启动时并不擦除 NVRAM 中的内容。

4.1.2 交换机的启动过程

Cisco 公司将自己的操作系统称为 Cisco IOS。Cisco IOS 内置在所有 Cisco 交换机和路由器中。

当交换机启动时，将执行以下几个步骤来测试硬件并加载所需的软件。

（1）交换机开机时，先进行开机自检（Power On Self Test，POST），检查硬件以验证设备的所有组件目前是可运行的，如检查交换机的各种端口。POST 存储在 ROM 中并在 ROM 中运行。

（2）Bootstrap 检查并加载 Cisco IOS 操作系统。Bootstrap 程序也存储在 ROM 中，用于在初始化阶段启动交换机。在默认情况下，所有 Cisco 交换机或路由器都从 Flash 加载 IOS 软件。

（3）IOS 软件在 NVRAM 中查找 startup-config 配置文件，只有当管理员将 running-config 文件复制到 NVRAM 中时才产生该文件。如果 NVRAM 中有 startup-config 配置文件，那么交换机将加载并运行此文件；如果 NVRAM 中没有 startup-config 配置文件，那么交换机将启动 setup 程序以对话方式初始化配置过程，此过程也称为 setup 模式。

4.1.3　交换机的配置模式

一般来说，可通过以下 4 种方式对交换机进行配置。

（1）通过 Console 端口访问交换机。新交换机在进行第一次配置时必须通过 Console 端口访问交换机。利用 Console 控制线（见图 4-1）将交换机的 Console 端口和计算机的 COM1 串口连接起来（见图 4-2），然后利用计算机上的超级终端等软件对交换机进行配置。

图 4-1　Console 控制线　　　图 4-2　连接 Console 端口和 COM1 串口

（2）通过 Telnet 访问交换机。如果网络管理员离交换机较远，可通过 Telnet 远程访问交换机，前提是预先在交换机上配置 IP 地址和访问密码，并且管理员的计算机与交换机之间是 IP 地址可达的。

（3）通过 Web 访问交换机。

（4）通过 SNMP 网络管理工作站访问交换机。

在以上 4 种管理交换机的方式中，后 3 种方式都要连接网络并且占用网络带宽，又称带内管理。交换机首次使用时，必须采用第一种方式对交换机进行配置，这种方式并不占用网络带宽，而是通过 Console 控制线连接交换机和计算机，所以又称为带外管理。

4.1.4　交换机的命令行操作模式

交换机的命令行操作模式主要包括用户模式、特权模式、全局配置模式、端口配置模式等。

（1）用户模式：进入交换机后的第一个操作模式，在该模式下可以简单查看交换机软件和硬件的版本信息，并进行简单的测试。用户模式提示符为"Switch>"。

（2）特权模式：在用户模式下，输入"enable"命令可进入特权模式，在该模式下可以对交换机的配置文件进行管理，查看交换机的配置信息，并进行网络的测试和调试等。特权模式提示符为"Switch#"。

（3）全局配置模式：在特权模式下，输入"configure terminal"命令可进入全局配置模式，在该模式下可以配置交换机的全局性参数（如主机名、登录信息等）。在该模式下可以进入下一级的配置模式，并对交换机具体的功能进行配置。全局配置模式提示符为"Switch(config)#"。

（4）端口配置模式：在全局配置模式下，输入"interface 接口类型 接口号"命令，如"interface fastethernet0/1"可进入端口配置模式，在端口配置模式下可以对交换机的端口参数进行配置。端口配置模式提示符为"Switch(config-if)#"。

使用"exit"命令可退回上一级操作模式。快捷键 Ctrl+Z 或 end 命令可以使用户从特权模式以下级别直接返回特权模式。

交换机命令行支持获取帮助信息、命令的简写、命令的自动补齐、快捷键功能等。

4.1.5 交换机的密码基础

每台交换机都应该设置它所需要的密码（口令），IOS 可以配置控制台密码（用户从控制台进入用户模式所需的密码）、AUX 密码（从辅助端口进入用户模式所需的密码）、Telnet 或 VTY 密码（用户远程登录的密码）。此外，还有 Enable 密码（从用户模式进入特权模式所需的密码）。图 4-3 显示了各种登录过程及相应的密码。

图 4-3 控制台、AUX、VTY 及 Enable 密码

设置 Enable 密码的命令有两个：enable password 和 enable secret。用 enable password 命令设置的密码没有经过加密，在配置文件中以明文显示；而用 enable secret 命令设置的密码是经过加密的，在配置文件中以密文显示。另外，enable secret 命令的优先级高于 enable password 命令，这意味着，如果已经用 enable secret 命令设置密码，则用 enable password 命令设置的密码就会无效。

4.2 虚拟局域网技术

4.2.1 虚拟局域网的工作原理

虚拟局域网（Virtual Local Area Network，VLAN）是一种将局域网设备从逻辑上划分成一个个网段，从而实现虚拟工作组的新兴数据交换技术。

VLAN 可以不考虑用户的物理位置，而根据部门、功能、应用等因素将用户从逻辑上划分为一个个功能相对独立的工作组，每个用户主机都连接在一个支持 VLAN 的交换机端口上并属于某一个 VLAN。同一个 VLAN 中的成员都共享广播，形成一个广播域，而不同 VLAN 之间广播信息是相互隔离的，这样可将整个网络分割成多个不同的广播域。一般来说，如果某 VLAN 中的工作站发送了一个广播，那么属于这个 VLAN 的所有工作站都会接收到该广播，但是交换机不会将该广播发送至其他 VLAN 上的任何一个端口。如果要在 VLAN 之间传送信息，就要用到路由器。

1999 年，IEEE 802 委员会发布了 IEEE 802.1Q VLAN 标准。目前，该标准得到了大多数重要网络设备厂商的支持。VLAN 技术的出现，使网络管理员能够根据实际的应用需求，将同一物理局域网内的不同用户从逻辑上划分成不同的广播域，每个 VLAN 都包含一组具有相同需求的工作站，与物理上形成的 LAN 有相同的属性。由于它是从逻辑上划分，而不是从物理上划分的，所以同一个 VLAN 内的各个工作站没有限制在同一个物理范围中，即这些工作站可以在不同物理 LAN 网段。由 VLAN 的特点可知，一个 VLAN 内部的广播和单播流量都不会转发到其他 VLAN 中，从而有助于控制流量、减少设备投资、简化网络管理、提高网络的安全性。

交换式以太网利用 VLAN 技术，在以太网帧的基础上增加了 VLAN 头部，该 VLAN 头部中含有 VLAN 标识符，用来指明发送该帧的工作站属于哪一个 VLAN。

图 4-4 所示是一个典型的 VLAN 网络，每个楼层的计算机连接到同楼层的交换机，从而构成了 3 个局域网：LAN1（A1、B1、C1）、LAN2（A2、B2、C2）、LAN3（A3、B3、C3）。这 3 个楼层中的交换机又连接到另一台交换机，把 9 台计算机划分成 3 个工作组，即 3 个 VLAN：VLAN1（A1、A2、A3）、VLAN2（B1、B2、B3）、VLAN3（C1、C2、C3）。每一台计算机都可收到同一 VLAN 中的其他成员所发出的广播。例如，A1 向工作组内成员广播数据时，同组的 A2 和 A3 将会收到广播信息（尽管它们没有连接在同一台交换机上），而 B1 和 C1 都不会收到 A1 发送的广播信息（尽管它们连接在同一台交换机上）。

图 4-4　VLAN 示例

采用 VLAN 后，在不增加设备投资的前提下，可在许多方面提高网络的性能，并简化网络的管理。VLAN 主要具有以下几方面优点。

（1）控制网络中的广播风暴。采用 VLAN 技术后，可将某个交换端口划分到某个 VLAN 中，而一个 VLAN 中的广播风暴不会传播到其他 VLAN，也不会影响其他 VLAN 的通信效率和网络性能。一个 VLAN 就是一个逻辑广播域。通过对 VLAN 的创建，隔离了广播，缩小了广播范围，可以控制广播风暴的产生。

（2）确保网络安全。共享式局域网之所以很难保证网络的安全性，是因为只要用户接入任意一个活动端口，就能访问整个网络。而 VLAN 能限制个别用户的访问，可以控制广播组的大小和位置，也可以控制用户访问权限和逻辑网段大小。将不同用户群划分在不同 VLAN 可以提高交换式网络的整体性能和安全性。

（3）简化网络管理，提高组网灵活性。对于交换式以太网，假如对某些用户重新进行网段分配，需要网络管理员对网络系统的物理结构重新进行调整，甚至需要追加网络设备，从而增加网络管理的工作量。而对于采用 VLAN 技术的网络来说，一个 VLAN 可以根据部门职能、对象组或应用，将不同地理位置的网络用户划分为一个逻辑网段。在不改动网络物理连接的情况下，可以任意地将工作站在工作组或子网之间移动。利用 VLAN 技术，大大减轻了网络管理和维护工作的负担，降低了网络维护费用。在一个交换式网络中，VLAN 提供了网段和机构的弹性组合机制。

4.2.2　虚拟局域网的划分方法

VLAN 技术是建立在交换技术基础之上的，将局域网中的节点按工作性质和需要划分成若干个逻辑工作组，一个逻辑工作组就是一个 VLAN。

VLAN 以软件方式实现逻辑工作组的划分和管理，工作组中的节点不受物理位置的限制（相同工作组的节点不一定在相同的物理网段上，只要能够通过交换机互连即可）。节点从一个工作组迁移到另一个工作组时，只要通过软件设定，无须改变节点在网络中的物理位置。

VLAN 的划分方法主要有以下 4 种。

（1）根据交换机端口号。逻辑上将交换机端口划分为不同的 VLAN，当某一端口属于某一个 VLAN 时，就不能属于另外一个 VLAN。该方法的缺点是：当将节点从一个端口转移到另一个端口时，网络管理员需要重新配置 VLAN 成员。

（2）根据 MAC 地址，利用 MAC 地址定义 VLAN。因为 MAC 地址是与物理位置相关的，所以也称为基于用户的 VLAN。其缺点主要是所有用户初始时必须配置到至少一个 VLAN 中，初始配置需要人工完成，用户数越多，工作量越大；优点是随后可自动跟踪用户。

（3）根据 IP 地址，利用 IP 地址定义 VLAN。用户可按 IP 地址组建 VLAN，节点可随意移动而不需要重新配置。其缺点主要是性能比较差，因为检查 IP 地址比检查 MAC 地址更费时。

（4）根据 IP 广播组，基于 IP 广播组动态建立 VLAN。广播包发送时，动态建立 VLAN，广播组中的所有成员属于同一个 VLAN，它们只是特定时间内的特定广播组成员。其优点是可根据服务灵活建立，可跨越路由器和广域网。

4.2.3　Trunk 技术

Trunk 是指主干中继链路（Trunk Link），它是不同交换机之间的一条链路，可以传递不同

VLAN 的信息。Trunk 的用途之一是实现 VLAN 跨越多台交换机进行定义。在图 4-5 中，要想使 VLAN1、VLAN2 可以跨越交换机定义，要求连接交换机的链路能够通过不同 VLAN 的信号，所以需要把连接两台交换机的线路设置成 Trunk。

图 4-5　交换机间的主干链路

Trunk 技术有多种不同的技术标准，其中比较常见的有以下两个。

（1）IEEE 802.1Q 标准。这种标准在每个数据帧中加入一个特定的标识，用于识别每个数据帧属于哪一个 VLAN。IEEE 802.1Q 属于通用标准，许多厂家的交换机都支持此标准。

（2）ISL 标准。这是 Cisco 公司特有的标准，只能用于 Cisco 公司生产的交换机产品，其他厂家的交换机不支持。Cisco 交换机与其他厂商的交换机相连时不能使用 ISL 标准，只能采用 IEEE 802.1Q 标准。

4.2.4　VLAN 中继协议

通常情况下，需要在整个园区网或企业网中的一组交换机中保持 VLAN 数据库的同步，以保证所有交换机都能从数据帧中读取相关的 VLAN 信息并进行正确的数据转发。然而，对于大型网络来说，可能有成百上千台交换机，而一台交换机上可能存在几十个乃至数百个 VLAN，如果仅凭网络管理员手动配置，工作量是非常大的，并且也不利于日后维护——每一次添加、修改或删除 VLAN 都需要在所有的交换机上部署。

VLAN 中继协议（VLAN Trunking Protocol，VTP），也称为 VLAN 干线协议，是 Cisco 公司的专用协议，可解决各台 Cisco 交换机 VLAN 数据库的同步问题。使用 VTP 协议可以减少 VLAN 相关的管理任务，把一台交换机配置成 VTP server，其余交换机配置成 VTP client，这样它们可以自动学习 VTP server 上的 VLAN 信息。

1．VTP 域

VTP 使用"域"组织管理互连的交换机，并在域内的所有交换机上维护 VLAN 配置信息的一致性。VTP 域是指一组有相同 VTP 域名并通过 Trunk 端口互连的交换机。每个域都有唯一的名称，一台交换机只能属于一个 VTP 域，同一域中的交换机共享 VTP 消息。VTP 消息是指创建、删除 VLAN 和更改 VLAN 名称等信息，通过 Trunk 链路进行传播。

2．VTP 工作模式

VTP 有 3 种工作模式：VTP server、VTP client 和 VTP transparent。

（1）新交换机出厂时，所有端口均预配置为 VLAN1，VTP 工作模式预配置为 VTP server。在一般情况下，一个 VTP 域内只设一个 VTP server。VTP server 负责维护该 VTP 域中所有 VLAN 的配置信息，VTP server 可以建立、删除或修改 VLAN。在一台 VTP server 上配置一个新的 VLAN 时，该 VLAN 的配置信息将自动传播到本域内的所有处于 VTP server 或 VTP client 模式的其他交换机，这些交换机会自动接收这些配置信息，使其 VLAN 的配置信息与 VTP server 保持一致，从而减少在多台设备上配置同一个 VLAN 信息的工作量，而且保持了 VLAN 配置信息的一致性。

（2）VTP client 虽然也可以维护所有的 VLAN 信息列表，但其 VLAN 的配置信息是从 VTP server 学到的，VTP client 不能建立、删除或修改 VLAN。

（3）VTP transparent 相当于一台独立的交换机，不参与 VTP 工作，也不从 VTP server 学习 VLAN 的配置信息，只拥有本设备上自己维护的 VLAN 信息。VTP transparent 可以建立、删除和修改本机上的 VLAN 信息，可以转发从其他交换机传递的任何 VTP 消息。

3．VTP 修剪

VTP 修剪（VTP Pruning）功能使 VTP 智能地确定在 Trunk 链路另一端指定的 VLAN 上是否有设备与之相连。如果没有，则在 Trunk 链路上裁剪不必要的广播信息。通过修剪，只将广播信息发送到真正需要这个信息的 Trunk 链路上，从而增加可用的网络带宽。

4.3 本章实训

下面首先介绍对交换机进行配置的基本方法；其次根据交换机端口号，在单一交换机上划分为两个 VLAN，即 VLAN10（财务部）和 VLAN20（销售部）；最后在两台交换机之间采用 Trunk 链接和 VTP 管理，实现跨交换机的 VLAN 划分和管理。

4.3.1 实训 1：交换机的基本配置

1．实训目标

（1）掌握通过 Console 端口对交换机进行初始配置的方法。

（2）掌握交换机常用配置命令的使用方法。

2．完成实训所需的设备和软件

（1）安装 Windows 7 操作系统的计算机 1 台。

（2）Cisco 2950 交换机 1 台，Console 控制线 1 根。

3．网络拓扑结构

为了完成本次实训，搭建如图 4-6 所示的网络拓扑结构。

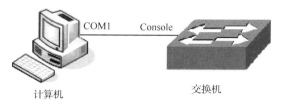

图 4-6 配置交换机的拓扑结构

4．实施步骤

（1）硬件连接。如图 4-6 所示，将 Console 控制线的一端插入计算机 COM1 串口，另一端插入交换机的 Console 接口，然后开启交换机的电源。

（2）通过超级终端连接交换机。

步骤 1：运行超级终端软件 hypertrm.exe，打开"连接描述"对话框，如图 4-7 所示，输入新建连接的名称，如"cisco"。

步骤 2：单击"确定"按钮后，打开"连接到"对话框，如图 4-8 所示。"连接时使用"列表的默认设置是连接在"COM1"串口上。

图 4-7 "连接描述"对话框

图 4-8 "连接到"对话框

步骤 3：单击"确定"按钮，打开"COM1 属性"对话框，如图 4-9 所示。单击对话框右下方的"还原为默认值"按钮，此时，比特率已改为 9600bps。

图 4-9 "COM1 属性"对话框

步骤 4：单击"确定"按钮，如果连接正常且交换机已启动，只要在超级终端中按下 Enter 键，超级终端窗口中会出现交换机提示符或其他字符，说明计算机已连接到交换机，接下来即可开始配置交换机。

（3）交换机的基本配置。

① 交换机的命令行使用方法。

步骤 1：在任何模式下输入"?"都会显示相关帮助信息。

```
Switch>?                    ; 显示当前模式下所有可执行的命令
  disable              Turn off privileged commands
  enable               Turn on privileged commands
  exit                 Exit from the EXEC
  help                 Description of the interactive help system
  ping                 Send echo message
  rcommand             Run command on remote switch
  show                 Show running system information
  telnet               Open a telnet connection
  traceroute           Trace route to destination
```

在以上信息中，左列中显示的是当前模式下可用的命令，右列中显示的是相应命令的含义。

步骤 2：在用户模式下输入"enable"命令，进入特权模式。

```
Switch>enable              ; 进入特权模式
Switch#
```

用户模式的提示符为"＞"，特权模式的提示符为"＃"，Switch 是交换机的默认名称，可用 hostname 命令修改交换机的名称。输入"disable"命令可以从特权模式返回用户模式。输入"logout"命令可以从用户模式或特权模式退出控制台操作。

步骤 3：如果忘记某命令的全部拼写，则输入该命令的部分字母后再输入"?"，会显示相关匹配命令。

```
Switch#co?                 ; 显示当前模式下所有以 co 开头的命令
  configure      copy      connect
```

以上信息说明特权模式下 co 开头的命令有 configure、copy 和 connect。

步骤 4：输入某命令后，如果忘记后面跟什么参数，可输入"?"，显示该命令的相关参数。

```
Switch#copy ?              ; 显示 copy 命令后可执行的参数
  flash                Copy from flash file system
  running-config       Copy from current system configuration
  startup-config       Copy from startup configuration
  tftp                 Copy from tftp file system
  xmodem               Copy from xmodem file system
```

步骤 5：输入某命令的部分字母后，按 Tab 键可自动补齐命令。

```
Switch#conf(按 Tab 键)      ; 按 Tab 键自动补齐 configure 命令
Switch#configure
```

步骤 6：如果要输入的命令的拼写字母较多，可使用简写形式，前提是该简写形式没有歧义，如 config t 是 configure terminal 的简写，输入该命令后，可以从特权模式进入全局配置模式。

```
Switch#config t            ; 该命令代表 configure terminal，进入全局配置模式
Switch(config)#
```

② 交换机的名称设置。

在全局配置模式下，输入"hostname"命令可设置交换机的名称。

```
Switch(config)#hostname SwitchA          ; 设置交换机的名称为 SwitchA
SwitchA(config)#
```

设置后，该交换机的名称会在系统提示符中显示出来。如果未设置交换机的名称，则显示默认的名称 Switch。

③ 交换机的密码设置。

特权模式是进入交换机后的第二个模式，比第一个模式（用户模式）有更大的操作权限，也是进入全局配置模式的必经之路。在特权模式下，可用 enable password 命令和 enable secret 命令设置密码。

步骤 1：输入"enable password xxx"命令，可设置交换机的明文密码为 xxx，即该密码是没有加密的，在配置文件中以明文显示。

```
SwitchA(config)#enable password xxx      ; 设置特权明文密码为 xxx
SwitchA(config)#
```

步骤 2：输入"enable secret yyy"命令，可设置交换机的密文密码为 yyy，即该密码是加密的，在配置文件中以密文显示。

```
SwitchA(config)#enable secret yyy        ; 设置特权密文密码为 yyy
SwitchA(config)#
```

enable password 命令的优先级没有 enable secret 命令高，这意味着，如果已经用 enable secret 命令设置密码，则用 enable password 命令设置的密码就会无效。

根据需要，在全局配置模式下，还可设置 console 控制台密码和 Telnet 远程登录密码。

步骤 3：设置 console 控制台密码的方法如下。

```
SwitchA(config)#line console 0           ; 进入控制台接口
SwitchA(config-line)#login               ; 启用密码验证
SwitchA(config-line)#password cisco       ; 设置控制台密码为 cisco
SwitchA(config-line)#exit                ; 返回上一层设置
SwitchA(config)#
```

由于只有一个控制台接口，所以只能选择线路控制台 0（line console 0）。config-line 是线路配置模式的提示符。exit 命令表示返回上一层设置。

步骤 4：设置 telnet 远程登录交换机的密码的方法如下。

```
SwitchA(config)#line vty 0 4             ; 进入虚拟终端
SwitchA(config-line)#login               ; 启用密码验证
SwitchA(config-line)#password zzz         ; 设置 telnet 登录密码为 zzz
SwitchA(config-line)#exec-timeout 15 0    ; 设置超时时间为 15 分 0 秒
SwitchA(config-line)#exit                ; 返回上一层设置
SwitchA(config)#exit
SwitchA#
```

只有配置了虚拟终端（vty）线路的密码后，才能利用 Telnet 远程登录交换机。较早版本的 Cisco IOS 支持 vty line 0~4，即同时允许 5 个 Telnet 远程连接。新版本的 Cisco IOS 可支持 vty line 0~15，即同时允许 16 个 Telnet 远程连接。如果要绕过密码设置，使用 no login 命令允许建立无密码验证的 Telnet 远程连接。

对交换机配置 IP 地址后，就可以使用 Telnet 命令远程配置和检查交换机，而不再需要使用控制台电缆。

④ 交换机的端口设置。

步骤 1：在全局配置模式下，输入"interface fa0/1"命令即可进入端口设置模式（提示符为 config-if），可以对交换机的 1 号端口进行设置。

```
SwitchA#config terminal                              ;进入全局配置模式
SwitchA(config)#interface fa0/1                      ;进入端口 1
SwitchA(config-if)#
```

端口选择命令的格式为 interface type slot/port，在命令"interface fa0/1"中，fa 是 fastethernet 的简写，0/1 是指 0 号模块的 1 号端口。

步骤 2：在端口设置模式下，通过 description、speed、duplex 等命令可以设置端口的描述、速率、单双工模式等，如下所示。

```
SwitchA(config-if)#description "link to office"      ;端口描述（连接至办公室）
SwitchA(config-if)#speed 100                         ;设置端口通信速率为100Mbps
SwitchA(config-if)#duplex full                       ;设置端口为全双工模式
SwitchA(config-if)#shutdown                          ;禁用端口
SwitchA(config-if)#no shutdown                       ;启用端口
SwitchA(config-if)#end                               ;直接退回特权模式
SwitchA#
```

端口速率参数有 100（100Mbps）、10（10Mbps）、auto（自适应）3 种，默认是 auto；单双工模式有 full（全双工）、half（半双工）、auto（自适应）3 种，默认是 auto；shutdown 为禁用端口，no shutdown 为启用端口（要去掉某条配置命令，在原配置命令前加一个 no 并且空一个空格即可）；end 表示直接退回特权模式。

⑤ 交换机可管理 IP 地址的设置。

交换机不设置任何 IP 配置信息仍可正常工作。在交换机上设置 IP 地址信息的原因主要有以下两个。

● 通过 telnet 或其他软件对交换机进行管理。

● 将交换机配置到不同的 VLAN 中，或实现其他的网络功能。

与路由器的 IP 地址配置不同，交换机的 IP 地址配置实际上是在 VLAN 1 的端口进行配置的，在默认情况下交换机的每个端口都是 VLAN 1 的成员。

在端口配置模式下使用 ip address 命令可设置交换机的 IP 地址，在全局配置模式下使用 ip default-gateway 命令可设置默认网关。交换机可管理 IP 地址的设置方法如下。

```
SwitchA#config terminal                              ;进入全局配置模式
SwitchA(config)#interface vlan 1                     ;进入 VLAN 1
SwitchA(config-if)#ip address 192.168.1.100 255.255.255.0  ;设置交换机可管理 IP 地址
SwitchA(config-if)#no shutdown                       ;启用端口
SwitchA(config-if)#exit                              ;返回上一层设置
SwitchA(config)#ip default-gateway 192.168.1.1       ;设置默认网关
SwitchA(config)#exit
SwitchA#
```

⑥ 显示交换机信息。

交换机配置完成后，在特权配置模式下可利用 show 命令显示各种交换机信息，方法如下。

```
SwitchA#show version                    ; 查看交换机的版本信息
SwitchA#show int vlan1                  ; 查看交换机可管理 IP 地址
SwitchA#show vtp status                 ; 查看 VTP 配置信息
SwitchA#show running-config             ; 查看当前配置信息
SwitchA#show startup-config             ; 查看保存在 NVRAM 中的启动配置信息
SwitchA#show vlan                       ; 查看 VLAN 配置信息
SwitchA#show interface                  ; 查看端口信息
SwitchA#show int fa0/1                  ; 查看指定端口信息
SwitchA#show mac-address-table          ; 查看交换机的 MAC 地址表
```

⑦ 保存或删除交换机配置信息。

交换机配置完成后，在特权配置模式下，可利用 copy running-config startup-config 命令（当然也可利用简写命令 copy run start）或 write 命令（可简写为 wr）将配置信息从 DRAM 内存中手动保存到非易失 RAM（NVRAM）中；利用 erase startup-config 命令可删除 NVRAM 中的内容，如下所示。

```
SwitchA#copy running-config startup-config    ; 保存配置信息至 NVRAM 中
SwitchA#erase startup-config                  ; 删除 NVRAM 中的配置信息
```

4.3.2　实训 2：单交换机上的 VLAN 划分

1．实训目标

（1）掌握在单交换机上进行 VLAN 划分的方法。

（2）理解通过 VLAN 技术隔离网络的原理。

2．完成实训所需的设备和软件

（1）安装 Windows 7 操作系统的计算机 4 台（PC11、PC12、PC21、PC22），并安装超级终端软件 hypertrm.exe。

（2）Cisco 2950 交换机 1 台。

（3）Console 控制线 1 根，直通线 4 根。

3．网络拓扑结构

为了完成本次实训，搭建如图 4-10 所示的网络拓扑结构。

4．实施步骤

（1）硬件连接。

如图 4-10 所示，将 Console 控制线的一端插入 PC12 的 COM1 串口，另一端插入交换机的 Console 接口。用 4 根直通线把 PC11、PC12、PC21、PC22 分别连接到交换机的 fa0/2、fa0/3、 fa0/13、fa0/14 端口上，然后开启交换机的电源。

图 4-10　单交换机上 VLAN 划分的拓扑结构

（2）TCP/IP 协议的配置。

配置 PC11 的 IP 地址为 192.168.1.11，子网掩码为 255.255.255.0；配置 PC12 的 IP 地址为 192.168.1.12，子网掩码为 255.255.255.0；配置 PC21 的 IP 地址为 192.168.1.21，子网掩码为 255.255.255.0；配置 PC22 的 IP 地址为 192.168.1.22，子网掩码为 255.255.255.0。

（3）网络联通性的测试。

用 ping 命令测试 PC11、PC12、PC21、PC22 之间的联通性，并将结果填入表 4-1 中。

表 4-1　计算机之间的联通性（一）

计算机	PC11	PC12	PC21	PC22
PC11	—			
PC12		—		
PC21			—	
PC22				—

（4）VLAN 的划分。

步骤 1：在 PC12 上运行超级终端软件 hypertrm.exe，配置交换机的 VLAN，新建 VLAN 的方法如下。

```
Switch>enable
Switch#config t
Switch(config)#vlan 10                    ;创建 VLAN10，并命名为 caiwubu（财务部）
Switch(config-vlan)#name caiwubu
Switch(config-vlan)#exit
Switch(config)#vlan 20                    ;创建 VLAN20，并命名为 xiaoshoubu（销售部）
Switch(config-vlan)#name xiaoshoubu
Switch(config-vlan)#exit
Switch(config)#exit
Switch#
```

步骤 2：在特权模式下输入"show vlan"命令，查看新建的 VLAN。

```
Switch#show vlan
VLAN Name                         Status    Ports
---- -------------------------- --------- -------------------------------
1    default                      active    fa0/1, fa0/2, fa0/3, fa0/4
```

```
                                        fa0/5, fa0/6, fa0/7, fa0/8
                                        fa0/9, fa0/10, fa0/11, fa0/12
                                        fa0/13, fa0/14, fa0/15, fa0/16
                                        fa0/17, fa0/18, fa0/19, fa0/20
                                        fa0/21, fa0/22, fa0/23, fa0/24
10   caiwubu                    active
20   xiaoshoubu                 active
```

由以上信息可知，默认所有端口（fa0/1～fa0/24）都是 VLAN1 的成员。新建的 VLAN10
和 VLAN20 还没有成员。

步骤 3：可以利用 interface range 命令指定端口范围，利用 switchport access 把端口分配到
VLAN 中。把端口 fa0/1～fa0/12 分配给 VLAN10，把端口 fa0/13～fa0/24 分配给 VLAN20 的
方法如下。

```
Switch#conf t
Switch(config)#interface range fa0/1-12
Switch (config-if-range) #switchport access vlan 10
Switch(config-if-range)#exit
Switch(config)#int range fa0/13-24
Switch(config-if-range)#switchport access vlan 20
Switch(config-if-range)#end
Switch#
```

步骤 4：在特权模式下输入 "show vlan" 命令，再次查看新建的 VLAN。

```
Switch#show vlan
VLAN Name                        Status    Ports
---- --------------------------  --------- ------------------------------
1    default                     active
10   caiwubu                     active    fa0/1, fa0/2, fa0/3, fa0/4
                                           fa0/5, fa0/6, fa0/7, fa0/8
                                           fa0/9, fa0/10, fa0/11, fa0/12
20   xiaoshoubu                  active    fa0/13, fa0/14, fa0/15, fa0/16
                                           fa0/17, fa0/18, fa0/19, fa0/20
                                           fa0/21, fa0/22, fa0/23, fa0/24
```

由以上信息可知，端口 fa0/1～fa0/12 已分配给 VLAN10，端口 fa0/13～fa0/24 已分配给
VLAN20。

步骤 5：再次用 ping 命令测试 PC11、PC12、PC21、PC22 之间的联通性，并将结果填入
表 4-2 中。

表 4-2 计算机之间的联通性（二）

计算机	PC11	PC12	PC21	PC22
PC11	—			
PC12		—		
PC21			—	
PC22				—

步骤 6：输入 "show running-config" 命令，查看交换机的运行配置。

```
Switch#show running-config
```

4.3.3 实训 3：多交换机上的 VLAN 划分

1．实训目标

（1）掌握多交换机上的 VLAN 划分方法。

（2）理解 VLAN 干线（Trunk）技术。

（3）理解 VTP 管理。

2．完成实训所需的设备和软件

（1）安装 Windows 7 操作系统的计算机 4 台（PC11、PC12、PC21、PC22）。

（2）Cisco 2950 交换机 2 台（SW1、SW2）。

（3）Console 控制线 2 根，直通线 4 根，交叉线 1 根。

3．网络拓扑结构

为了完成本次实训，搭建如图 4-11 所示的网络拓扑结构。

图 4-11　多交换机上 VLAN 划分的拓扑结构

4．实施步骤

（1）硬件连接。

如图 4-11 所示，用两根直通线把 PC11、PC21 连接到 SW1 的 fa0/2、fa0/13 端口上，再用两根直通线把 PC12、PC22 连接到 SW2 的 fa0/2、fa0/13 端口上，用一根交叉线把 SW1 的 fa0/1 端口和 SW2 的 fa0/1 端口连接起来。

首先，将 Console 控制线的一端插入 PC11 的 COM1 串口，另一端插入 SW1 的 Console

接口；将另一根 Console 控制线的一端插入 PC12 的 COM1 串口，另一端插入 SW2 的 Console 接口。然后开启 SW1、SW2 的电源。

（2）配置 TCP/IP 协议。

配置 PC11 的 IP 地址为 192.168.1.11，子网掩码为 255.255.255.0；配置 PC12 的 IP 地址为 192.168.1.12，子网掩码为 255.255.255.0；配置 PC21 的 IP 地址为 192.168.1.21，子网掩码为 255.255.255.0；配置 PC22 的 IP 地址为 192.168.1.22，子网掩码为 255.255.255.0。

（3）测试网络联通性。

用 ping 命令测试 PC11、PC12、PC21、PC22 之间的联通性，并将结果填入表 4-3 中。

表 4-3　计算机之间的联通性（三）

计算机	PC11	PC12	PC21	PC22
PC11	—			
PC12		—		
PC21			—	
PC22				—

（4）配置 SW1。

步骤 1：在 PC11 上运行超级终端软件 hypertrm.exe，并配置 SW1。设置 SW1 为 VTP server 模式，方法如下。

```
Switch>enable
Switch#config t
Switch(config)#hostname SW1              ;设置交换机的名称为 SW1
SW1(config)#exit
SW1#vlan database                        ;VLAN 数据库
SW1(VLAN)#vtp domain tzkj                ;设置 VTP 域名为 tzkj
SW1(VLAN)#vtp server                     ;设置 VTP 工作模式为 server（服务器）
SW1(VLAN)#exit
SW1#
```

步骤 2：在 SW1 上创建 VLAN10 和 VLAN20，并将 SW1 的 fa0/2～fa0/12 端口划分到 VLAN10，将 fa0/13～fa0/24 划分到 VLAN20，具体方法参见本章的实训 2。

fa0/1 端口默认位于 VLAN1 中。

步骤 3：将 SW1 的 fa0/1 端口设置为干线 trunk，方法如下。

```
SW1#config t
SW1(config)#interface fa0/1
SW1(config-if)#switchport mode trunk                ;设置该端口为干线 trunk 端口
SW1(config-if)#switchport trunk allowed vlan all    ;允许所有 VLAN 通过 trunk 端口
SW1(config-if)#no shutdown
SW1(config-if)#end
SW1#
```

交换机创建 trunk 时，默认允许所有的 VLAN 通过，所以，上面的 switchport trunk allowed vlan all 命令可省略。如果不允许某 VLAN（如 VLAN20）通过 trunk，可以使用 switchport trunk allowed vlan remove 20 命令。

（5）配置 SW2。

步骤 1：在 PC12 上运行超级终端软件 hypertrm.exe，设置 SW2 为 VTP client 模式，方法

如下。

```
Switch>enable
Switch#config t
Switch(config)#hostname SW2        ;设置交换机的名称为SW2
SW2(config)#exit
SW2#vlan database                  ;VLAN数据库
SW2(VLAN)#vtp domain tzkj          ;加入tzkj域
SW2(VLAN)#vtp client               ;设置VTP工作模式为client（客户端）
SW2(VLAN)#exit
SW2#
```

SW2 在 VTP client 模式下工作时，可从 VTP 服务器（SW1）获取 VLAN 信息（如 VLAN10、VLAN20 等），因此，在 SW2 上不必也不能新建 VLAN10 和 VLAN20。

步骤 2：将 SW2 的 fa0/2～fa0/12 端口划分到 VLAN10，将 fa0/13～fa0/24 划分到 VLAN20，具体方法参见本章的实训 2。

步骤 3：参照上面的"（4）配置 SW1"中的"步骤 3"，将 SW2 的 fa0/1 端口设置为干线 trunk。

步骤 4：用 ping 命令测试 PC11、PC12、PC21、PC22 之间的联通性，并将结果填入表 4-4 中。

表 4-4　计算机之间的联通性（四）

计算机	PC11	PC12	PC21	PC22
PC11	—			
PC12		—		
PC21			—	
PC22				—

4.4　本章习题

一、选择题

1. VLAN 在现代组网技术中占有重要地位。在由多个 VLAN 组成的一个局域网中，以下_____是不正确的。

　　A. 当站点从一个 VLAN 转移到另一个 VLAN 时，一般不需要改变物理连接

　　B. VLAN 中的一个站点可以和另一个 VLAN 中的站点直接通信

　　C. 当站点在一个 VLAN 中广播时，其他 VLAN 中的站点无法收到

　　D. VLAN 可以通过 MAC 地址、交换机端口等进行定义

2. VLAN 在现代组网技术中占有重要地位，同一个 VLAN 中的两台主机_____。

　　A. 必须连接在同一交换机上　　　　　B. 可以跨越多台交换机

　　C. 必须连接在同一集线器上　　　　　D. 可以跨越多个路由器

3. 动态 VLAN 的划分中，不能按照_____方法定义其成员。

　　A. 交换机端口　　　　　　　　　　　B. MAC 地址

　　C. 操作系统类型　　　　　　　　　　D. IP 地址

4．关于 VLAN 特点的描述中，错误的是_____。

  A．VLAN 建立在局域网交换技术的基础之上

  B．VLAN 以软件方式实现逻辑工作组的划分与管理

  C．同一逻辑工作组的成员需要连接在同一个物理网段上

  D．通过软件设定可以将一个节点从一个工作组转移到另一个工作组

5．VLAN 以软件方式实现逻辑工作组的划分与管理。如果同一逻辑工作组的成员之间希望进行通信，那么它们_____。

  A．可以处于不同的物理网段，而且可以使用不同的操作系统

  B．可以处于不同的物理网段，但必须使用相同的操作系统

  C．必须处于相同的物理网段，但可以使用不同的操作系统

  D．必须处于相同的物理网段，而且必须使用相同的操作系统

6．下面的叙述错误的是_____。

  A．以太网交换机可以对通过的信息进行过滤

  B．在交换式以太网中可以划分 VLAN

  C．以太网交换机中端口的速率可能不同

  D．利用多个以太网交换机组成的局域网不能出现环路

二、填空题

1．VLAN 建立在交换技术的基础之上，以软件方式实现_____工作组的划分与管理。

2．VLAN 的划分方法主要有_____、_____、_____和_____4 种。

3．某种 VLAN 的建立是动态的，它代表了一组 IP 地址。VLAN 中由叫作代理的设备对 VLAN 中的成员进行管理。这个代理和多个 IP 节点组成 IP_____VLAN。

4．_____是在不同的交换机之间的一条链路，可以传递不同 VLAN 的信息。

5．Cisco 交换机的默认 VTP 模式是_____。

6．根据交换机的工作模式填写表 4-5。

表 4-5　交换机的工作模式

工　作　模　式	提　示　符	启　动　方　式
用户模式		
特权模式		
全局配置模式		
接口配置模式		
VLAN 模式		
线路模式		

三、简答题

1．简述 VLAN 的工作原理。

2．配置管理交换机时，哪些方法可以帮助简化操作？

3．使用 VLAN 主要具有哪些优点？

4．VLAN 中继协议有何作用？

四、实践操作题

按图 4-12 所示配置 VLAN。

图 4-12　VLAN 配置拓扑结构图

（1）配置交换机名为 Switch3550，管理地址为 192.168.1.100。

（2）将交换机的 1～12 号端口划分到 VLAN2，13～24 号端口划分到 VLAN3。

（3）设置 PC1、PC2、PC3 的 IP 地址分别为 192.168.2.2、192.168.2.3、192.168.2.4，子网掩码均为 255.255.255.0。

（4）用 ping 命令测试 PC1、PC2、PC3 之间的联通性。

第 5 章

网络互联技术

学习目标

（1）掌握路由器的工作原理和路由选择算法。
（2）掌握常用的路由选择协议 RIP 和 OSPF。
（3）掌握路由器的配置方法。

5.1 路由器概述

路由器是互联网的主要节点设备。路由器通过路由决定数据的转发。转发策略称为路由选择（Routing），这也是路由器名称的由来（Router，转发者）。作为不同网络之间互相连接的枢纽，路由器系统构成了基于 TCP/IP 协议的国际互联网络 Internet 的主体脉络，也可以说，路由器构成了 Internet 的骨架。它的处理速度是网络通信的主要瓶颈之一，它的可靠性则直接影响网络互联的质量。

路由器的一个作用是联通不同的网络，另一个作用是选择信息传送的线路。选择通畅快捷的近路，能大大提高通信速度，减轻网络系统通信负荷，节约网络系统资源，提高网络系统畅通率，从而让网络系统发挥更大的作用。

从过滤网络流量的角度来看，路由器的作用与交换机和网桥非常相似，但是与工作在数据链路层、从物理上划分网段的交换机不同，路由器使用专门的软件协议从逻辑上对整个网络进行划分。例如，一台支持 IP 协议的路由器可以把网络划分成多个子网段，只有指向特殊 IP 地址的网络流量才可以通过路由器。对于每一个接收到的数据包，路由器都会重新计算其校验值，并写入新的 MAC 地址。因此，使用路由器转发和过滤数据的速度往往比只查看数据包 MAC 地址的交换机慢。但是，对于那些结构复杂的网络，使用路由器可以提高网络的整体效率。路由器的另外一个明显优势就是可以自动过滤网络广播。从总体上说，在网络中添加路由器的整个安装过程比即插即用的交换机复杂很多。

一般来说，异种网络互联或多个子网互联都应采用路由器完成。

1. 路由器端口

路由器具有非常强大的网络连接和路由功能，可以与各种各样的不同网络进行物理连接，这就决定了路由器的接口技术非常复杂，路由器越高档，其接口种类也就越多，因为它所能连接的网络类型越多。常见的路由器端口主要有以下几种。

（1）Console 端口。Console 端口配置专用连线直接连接至计算机的串口，利用终端仿真程序（如 Windows 中的"超级终端"）进行路由器本地配置。路由器的 Console 端口大多为 RJ-45 端口，如图 5-1 所示。

图 5-1　路由器的 Console 端口和 AUX 端口

（2）AUX 端口。AUX 端口为辅助端口，主要用于远程配置，也可用于拨号连接，还可通过收发器与调制解调器进行连接。AUX 端口与 Console 端口通常同时提供，因为它们各自的用途不同。路由器的 AUX 端口大多为 RJ-45 端口，如图 5-1 所示。

（3）RJ-45 端口。RJ-45 端口是常见的双绞线以太网端口，并且大多是 10Mbps/100Mbps 自适应的。

（4）SC 端口。SC 端口即光纤端口，用于连接光纤，如图 5-2 所示。光纤端口通常不直接用光纤连接至工作站，而是通过光纤连接到快速以太网或千兆以太网等具有光纤端口的交换机，通常中高档路由器中才具有这种端口。

图 5-2　路由器的 SC 端口

（5）串行端口。路由器的串行（Serial）端口如图 5-3 所示，常用于接入广域网，如帧中继、DDN 专线等，也可通过 V.35 线缆进行路由器之间的连接。

图 5-3　路由器的串行端口

（6）BRI 端口。BRI 端口是 ISDN 的基本速率端口，用于接入 ISDN 广域网，采用 RJ-45 标准。

2．路由器软件

如同计算机一样，路由器也需要操作系统才能运行。在 Cisco 路由器中有一个被称为 IOS

的操作系统，它提供路由器所有的核心功能。

可以通过路由器的 Console 控制端口，或通过调制解调器从 AUX 辅助端口，也可以通过 Telnet 访问 Cisco IOS。

3．路由器的启动过程和操作模式

Cisco 路由器和交换机中都安装了 IOS 操作系统，它们的启动过程和操作模式非常相似。Cisco 路由器的启动过程和操作模式如图 5-4 所示。

图 5-4　Cisco 路由器的启动过程和操作模式

5.2　路由器的工作原理

路由器（Router）用于连接多个逻辑上分开的网络。所谓逻辑网络就是一个单独的网络或一个子网。当数据从一个子网传输到另一个子网时，可通过路由器来完成。因此，路由器具有判断网络地址和选择路径的功能，能在多网络互联环境中建立灵活的连接，可用完全不同的数据分组和介质访问方法连接各种子网。路由器只接收源站点或其他路由器的信息，属于网络层的一种互联设备。另外，路由器不关心各子网使用的硬件设备，但要求运行与网络层协议一致的软件。

路由器的工作原理如图 5-5 所示。

（1）工作站 A 将工作站 B 的 IP 地址 12.0.0.5 连同数据信息以数据帧的形式发送给路由器 R1。

（2）路由器 R1 收到工作站 A 的数据帧后，先从数据包头中取出目的 IP 地址 12.0.0.5，并根据路由表计算发往工作站 B 的最佳路径：R1→R2→R5→工作站 B，并将数据帧发往路由器 R2。

（3）路由器 R2 重复路由器 R1 的工作，并将数据帧转发给路由器 R5。

（4）路由器 R5 同样取出目的 IP 地址 12.0.0.5，发现其直接连接在该路由器所连接的网段上，于是将该数据帧直接发送给工作站 B。

（5）工作站 B 收到工作站 A 的数据帧，一次通信过程宣告结束。

图 5-5　路由器的工作原理

事实上，路由器除了上述的路由选择这一主要功能，还具有网络流量控制功能。有的路由器仅支持单一协议，但大部分路由器可以支持多种协议的传输，即多协议路由器。由于每一种协议都有自己的规则，要在一个路由器中完成多种协议的算法，势必会降低路由器的性能。因此，支持多协议的路由器性能相对较低。用户购买路由器时，需要根据自己的实际情况选择自己需要的网络协议的路由器。

5.3　路由选择算法

所谓路由，就是指通过相互连接的网络把信息从源站点传送到目的站点的过程。一般来说，在路由过程中，信息至少会经过一个或多个中间节点。路由器的主要工作就是为经过路由器的每个数据帧寻找一条最佳传输路径，并将该数据有效地传送到目的站点。由此可见，选择最佳路径的策略（即路由算法）是路由器的关键所在。为了完成这项工作，在路由器中保存了各种传输路径的数据——路由表（Routing Table），供路由选择时使用。路由可分为静态路由、默认路由和动态路由 3 种。

（1）静态路由。由网络管理员事先设置好的固定路由称为静态（Static）路由，一般是在系统安装时根据网络的配置情况预先设定的，它明确地指定了数据包到达目的地必须要经过的路径，除非网络管理员干预，否则静态路由不会发生变化。静态路由不能对网络的改变做出反应，所以适用于网络规模不大、拓扑结构相对固定的网络。

（2）默认路由。默认路由是一种特殊的静态路由。当路由表中没有指定到达目的网络的路由信息时，就可以把数据包转发到默认路由指定的路由器。默认路由会大大简化路由器的配置，减轻网络管理员的工作负担，提高网络性能。主机中的默认路由通常被称作默认网关。

（3）动态路由。动态（Dynamic）路由是路由器根据网络系统的运行情况而自动调整的路由。路由器根据路由选择协议（Routing Protocol）提供的功能，自动学习和记忆网络运行情况，在需要时自动计算数据传输的最佳路径。动态路由适合拓扑结构复杂、规模庞大的网络。

路由选择算法有多种，下面介绍几种常用的路由选择算法。

5.3.1　标准路由选择算法

在互联网中，需要进行路由选择的设备一般采用表驱动的路由选择算法。每台路由设备保存一张 IP 路由表，该表存储有关可能的目的地址和如何到达目的地址的信息。在需要传送数据包时，路由设备就查询该路由表，决定把数据包发往何处。

由于 IP 地址可分为网络号和主机号两部分，而连接到同一网络的所有主机有相同的网络号，所以可以把有关特定主机的信息与它所在的网络环境隔离开，IP 路由表中仅保存相关的网络信息，这样既可减少路由表的长度，还可提高路由算法的效率。

一个标准的路由表通常包含许多（N,R）对序偶，其中，N 表示目的网络，R 表示到目的网络 N 的路径上的"下一站"路由器的 IP 地址。路由器 R 中的路由表仅仅指定了从 R 到目的网络路径上的一步，而路由器并不知道到达目的网络的完整路径。

图 5-6 列举了一个简单的网络互联结构，表 5-1 为路由器 R 的路由表。

图 5-6　一个简单的网络互联结构

表 5-1　路由器 R 的路由表

要到达的网络	"下一站"路由器	要到达的网络	"下一站"路由器
20.0.0.0	直接投递	10.0.0.0	20.0.0.5
30.0.0.0	直接投递	40.0.0.0	30.0.0.7

在图 5-6 中，网络 20.0.0.0 和网络 30.0.0.0 都与路由器 R 直接相连，路由器 R 如果收到目的 IP 地址的网络号为 20.0.0.0 或 30.0.0.0 的数据包，那么，路由器 R 就可以将该数据包直接传送给目的主机。如果收到目的 IP 地址的网络号为 10.0.0.0 的数据包，那么，路由器 R 就需要将该数据包传送给与其直接相连的路由器 Q，由路由器 Q 再次投递该数据包。同理，如果收到目的 IP 地址的网络号为 40.0.0.0 的数据包，那么，路由器 R 就需要将该数据包传送给路由器 S。

5.3.2　向量-距离路由选择算法与 RIP 协议

RIP（Routing Information Protocol）是应用较早、使用较普遍的动态路由选择协议，适用于小型同类网络，采用向量-距离（Vector-Distance，V-D）路由选择算法。

1. 向量-距离路由选择算法

向量-距离路由选择算法的基本思想如下：路由器周期性地向其相邻路由器广播自己知道的路由信息，用于通知相邻路由器自己可以到达的网络以及到达该网络的距离（通常用"跳数"表示），相邻路由器可以根据收到的路由信息修改和刷新自己的路由表。

如图 5-7 所示，路由器 R 向相邻的路由器（如路由器 S）广播自己的路由信息，通知路由器 S 自己可以到达网络 20.0.0.0、30.0.0.0 和 10.0.0.0。由于路由器 R 传送的路由信息中包含了两条路由器 S 不知道的路由信息（到达 20.0.0.0 和 10.0.0.0 的路由），于是路由器 S 将到达 20.0.0.0

和 10.0.0.0 的路由信息加入自己的路由表中，并将"下一站"指定为路由器 R。也就是说，如果路由器 S 收到目的 IP 地址的网络号为 20.0.0.0 或 10.0.0.0 的数据包，它将转发给路由器 R，由路由器 R 进行再次投递。由于路由器 R 到达网络 20.0.0.0 和 10.0.0.0 的距离分别为 0 和 1，所以路由器 S 通过路由器 R 到达这两个网络的距离分别为 1 和 2。

图 5-7　向量-距离路由选择算法示例

向量-距离路由选择算法最大的优点是算法简单、易于实现。但是，由于路由器的路径变化需要像波浪一样从相邻路由器传播出去，过程非常缓慢，可能会出现慢收敛等问题，所以它不适合用于路由经常变化的或大型的互联网网络环境。另外，向量-距离路由选择算法要求互联网中的每个路由器都参与路由信息的交换和计算，而且交换的路由信息需要与自己的路由表的大小几乎一样，因此，需要交换的信息量较大。

2．RIP 协议

RIP 协议是向量-距离路由选择算法在局域网上的直接实现。它规定了路由器之间交换路由信息的时间、格式以及错误如何处理等内容。

RIP 协议通过广播 UDP 报文交换路由信息，每 30s 发送一次路由信息更新。RIP 协议用跳数作为尺度来衡量路由距离，跳数是一个数据包到达目的网络所必须经过的路由器的数目。如果到相同目的网络有两个不等速或不同带宽的路由器，但跳数相同，则 RIP 协议认为这两个路由是等距离的。RIP 协议支持的跳数最多为 15，即在源网络和目的网络之间所要经过的路由器的数目最多为 15，跳数 16 表示不可到达。

RIP 协议除严格遵守向量-距离路由选择算法进行路由广播与刷新外，在具体实现过程中还做了某些改进，主要包括如下两个方面。

（1）对相同开销路由的处理。在具体应用中，可能会出现有若干条距离相同的路径可以到达同一网络的情况。对于这种情况，通常按照先入为主的原则解决。在图 5-8 中，由于路由器 R1 和 R2 都与网络 net1 直接相连，所以它们都向相邻路由器 R3 发送到达 net1 距离为 0 的路由信息。路由器 R3 按照先入为主的原则，先收到哪个路由器的路由信息，就将去往 net1 的路径设定为哪个路由器，直到该路径失效或被新的更短的路径所代替。

（2）过时路由的处理。在图 5-8 中，假如路由器 R3 到达 net1 要经过路由器 R1，如果路由器 R1 发生故障后不能向路由器 R3 发送路由刷新报文，那么，路由器 R3 到达 net1 需要经过路由器 R1 的路由信息将长期保持下去，尽管这是一条坏路由。为了解决这个问题，RIP 协议规定，参与 RIP 路由选择的所有设备要为其路由表的每个表项增加一个定时器，在收到的相邻路由器发送的路由刷新报文中如果包含关于此路径的表项，则将定时器清零，重新开始计时。如果在规定时间内一直没有收到关于该路径的刷新信息，定时器会超时，则说明该路径已经崩溃，需要将它从路由表中删除。RIP 协议规定路径的超时时间为 180s，相当于 6 个 RIP 协议刷新周期。

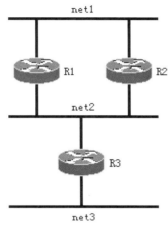

图 5-8　相同开销路由处理

5.3.3　链路-状态路由选择算法与 OSPF 协议

在互联网中，OSPF 是另一种常用的路由选择协议。OSPF 协议使用链路-状态路由选择算法，可以在大型互联网环境中使用。与 RIP 协议相比，OSPF 协议更加复杂。下面仅对 OSPF 协议和链路-状态路由选择算法进行简单介绍。

链路-状态（Link-Status，L-S）路由选择算法，也称为最短路径优先（Shortest Path First，SPF）算法，其基本思想如下：互联网上的每个路由器周期性地向其他所有路由器广播自己与相邻路由器的连接关系，以使各个路由器都可以"画"出一张互联网络拓扑结构图，利用这张图和最短路径优先算法，路由器就可以计算出自己到达各个网络的最短路径。

向量-距离路由选择算法并不需要路由器了解整个互联网的拓扑结构，而是通过相邻路由器了解到达每个网络的可能路径；而链路-状态路由选择算法则需要依赖整个互联网的拓扑结构，利用该拓扑结构图得到 SPF 树，再由 SPF 树生成路由表。

以链路-状态路由选择算法为基础的 OSPF 路由选择协议具有速度快、支持服务类型选路、提供负载均衡和身份认证等特点，十分适合在规模庞大、环境复杂的互联网中使用。

但是，OSPF 协议也存在一些不足，主要包括以下两个方面。

（1）要求有较高的路由处理能力。在一般情况下，运行 OSPF 协议要求路由器具有更大的存储器和更快的 CPU 处理能力。与 RIP 协议不同，OSPF 协议要求路由器保存整个互联网的拓扑结构、相邻路由器的状态等众多的路由信息，并且利用比较复杂的算法生成路由表。互联网的规模越大，对内存和 CPU 的要求就越高。

（2）要求有一定的带宽。为了得到与相邻路由器的连接关系，互联网上的每个路由器都需要不断地发送和应答查询信息,与此同时,每个路由器还需要将这些信息广播到整个互联网。因此,OSPF 协议对互联网的带宽有一定的要求。

为了适应更大规模的互联网环境,OSPF 协议通过一系列的办法来解决这些问题,其中包括分层和指派路由器。所谓分层,就是将一个大型的互联网分成几个不同的区域,一个区域中的路由器只需要保存和处理本区域的网络拓扑结构,区域之间的路由信息交换由几个特定的路由器完成。而指派路由器是指在互联网中,路由器将自己与相邻路由器的关系发送给一个或多个指派的路由器(而不是广播给互联网上的所有路由器),指派路由器生成整个互联网的拓扑结构图,以供其他路由器查询。

5.4 本章实训

下面先介绍对路由器进行配置的基本方法,然后在两个路由器中设定静态路由,把两个局域网连接起来。

5.4.1 实训 1:路由器的基本配置

1. 实训目标

(1)掌握通过 Console 端口对路由器进行初始配置的方法。

(2)掌握路由器常用配置命令的使用方法。

2. 完成实训所需的设备和软件

(1)安装 Windows 7 操作系统的计算机 1 台。

(2)Cisco 2621 路由器 1 个,Console 控制线 1 根。

3. 网络拓扑结构

为了完成本次实训,搭建如图 5-9 所示的网络拓扑结构。

图 5-9 配置路由器的拓扑结构

4．实施步骤

（1）硬件连接。如图 5-9 所示，将 Console 控制线的一端插入计算机 COM1 串口，另一端插入路由器的 Console 接口。开启路由器的电源。

（2）通过超级终端连接路由器。参考第 4 章的实训 1 中的操作方法，打开超级终端并设置通信参数。

（3）路由器的基本配置。

① 路由器的开机过程。

步骤 1：关闭路由器电源，稍后重新打开电源，观察路由器的开机过程及相关显示内容，部分屏幕显示信息如下所示。

```
System Bootstrap,Version 12.4 (1r) RELEASE SOFTWARE  (fc1)      ；显示 BOOT ROM 的版本
Copyright C. 2005 by CISCO Systems,InC.
Initializing memory for ECC
c2821 processor with 262144 Kbytes of main memory          ；显示内存大小
Main memory is configured to 64 bit mode with ECC enabled
Readonly ROMMON initialized
program load complete,entry point:0x8000f000,size:0x274bf4c
Self decompressing the image:
###################################[OK]                      ；IOS 解压过程
```

IOS 被解压到 RAM 中后，IOS 便被装载并开始控制路由器的操作。此后，NVRAM 中的路由器配置文件被装载。如果 NVRAM 中不存在配置文件，那么路由器将进入 setup 设置模式，一步步地引导用户配置路由器；也可以在命令行中输入"setup"命令进入 setup 设置模式。在 setup 设置模式中，可以随时按 Ctrl+C 组合键退出 setup 设置模式。

步骤 2：在以下的初始化配置对话框中输入"n（No）"和"Enter"，再按 Enter 键进入用户模式，方括号中的内容是默认选项。

```
Would you like to enter the initial configuration dialog?
  [yes]:n
Would you like to terminate autoinstall? [yes]:[Enter]
Press RETURN to get started!
Router>
```

② 路由器的命令行配置。路由器的命令行配置方法与交换机基本相同，下面是路由器的一些基本配置。

```
Router>enable
Router#configure terminal
Router (config) #hostname routerA
routerA (config) #banner motd $                    ；配置终端登录到路由器时的提示信息
you are welcome!
$
routerA (config) # int f0/1                         ；进入端口 1
routerA (config-if) #ip address 192.168.1.1 255.255.255.0 ；设置端口 1 的 IP 地址和子网掩码
routerA (config-if) #description connecting the company's intranet!   ；端口描述
routerA (config-if) #no shutdown                    ；激活端口
routerA (config-if) #exit
routerA (config) #interface serial0/0               ；进入串行端口 0
routerA (config_if) #clock rate 64000               ；设置时钟速率为 64 000bps
routerA (config_if) #bandwidth 64                   ；设置提供带宽为 64kbps
```

```
routerA (config_if) #ip address 192.168.10.1 255.255.255.0        ; 设置 IP 地址
routerA (config-if) #no shutdown                                  ; 激活端口
routerA (config-if) #exit
routerA (config) #exit
routerA#
```

③ 路由器的显示命令。通过 show 命令可查看路由器的 IOS 版本、运行状态、端口配置等信息，如下所示。

```
routerA#show version              ; 显示 IOS 的版本信息
routerA#show running-config       ; 显示 RAM 中正在运行的配置文件
routerA#show startup-config       ; 显示 NVRAM 中的配置文件
routerA#show interface s0/0       ; 显示 s0/0 接口信息
routerA#show flash                ; 显示 flash 信息
routerA#show ip arp               ; 显示路由器缓存中的 ARP 表
```

5.4.2 实训 2：局域网间路由的配置

1．实训目标

（1）掌握使用路由器静态路由实现网络联通的方法。

（2）能够正确使用路由器默认路由。

2．完成实训所需的设备和软件

（1）安装 Windows 7 操作系统的计算机 4 台（PC1、PC2、PC3、PC4）。

（2）Cisco 2950 交换机 2 台（Switch1、Switch2），Cisco 2621 路由器 2 个（Router1、Router2）。

（3）V.35 线缆 1 根，Console 控制线 2 根，直通线 4 根。

3．网络拓扑结构

为了完成本次实训，搭建如图 5-10 所示的网络拓扑结构。

图 5-10　局域网互联的拓扑结构

4．实施步骤

（1）硬件连接。如图 5-10 所示，连接硬件，具体步骤如下。

步骤 1：用 V.35 线缆将 Router1 的 s0/0 接口与 Router2 的 s0/0 接口连接起来。

步骤 2：用直通线将 Switch1 的 fa0/1 接口与 Router1 的 fa0/1 接口连接起来。

步骤 3：用直通线将 Switch2 的 fa0/1 接口与 Router2 的 fa0/1 接口连接起来。

步骤 4：用直通线将 PC1、PC2 分别连接到 Switch1 的 fa0/2、fa0/3 接口上。

步骤 5：用直通线将 PC3、PC4 分别连接到 Switch2 的 fa0/2、fa0/3 接口上。

步骤 6：用 Console 控制线将 PC1 的 COM1 串口连接到 Router1 的 Console 接口上。

步骤 7：用 Console 控制线将 PC3 的 COM1 串口连接到 Router2 的 Console 接口上。

（2）IP 地址的规划。

在本实训中，计算机和路由器接口的 IP 地址、子网掩码、默认网关的设置如表 5-2 所示。

表 5-2　计算机和路由器接口的 IP 地址、子网掩码、默认网关的设置

设备/接口		IP 地址	子网掩码	默认网关
PC1		192.168.1.10	255.255.255.0	192.168.1.1
PC2		192.168.1.20	255.255.255.0	192.168.1.1
PC3		192.168.2.10	255.255.255.0	192.168.2.1
PC4		192.168.2.20	255.255.255.0	192.168.2.1
Router1	s0/0	192.168.10.1	255.255.255.0	
	fa0/1	192.168.1.1	255.255.255.0	
Router2	s0/0	192.168.10.2	255.255.255.0	
	fa0/1	192.168.2.1	255.255.255.0	

（3）TCP/IP 协议的配置。

按表 5-2 所示设置各台计算机的 IP 地址、子网掩码、默认网关。

（4）Router1 的设置。

在 PC1 上通过超级终端登录到 Router1 上，并进行如下设置。

步骤 1：设置 Router1 的名称，如下所示。

```
Router>enable
Router#config terminal
Router (config) #hostname Router1
Router1 (config) #exit
Router1#
```

步骤 2：设置 Router1 的控制台登录口令，如下所示。

```
Router1#config terminal
Router1 (config) #line console 0
Router1 (config-line) #password cisco1
Router1 (config-line) #login
Router1 (config-line) #end
Router1#
```

步骤 3：设置 Router1 的特权模式口令，如下所示。

```
Router1#config terminal
Router1 (config) #enable password cisco2
```

```
Router1 (config) #enable secret cisco3
Router1 (config) #exit
Router1#
```

步骤 4：设置 Router1 的 Telnet 登录口令，如下所示。

```
Router1#config terminal
Router1 (config) #line vty 0 4
Router1 (config-line) #password cisco4
Router1 (config-line) #login
Router1 (config-line) #end
Router1#
```

步骤 5：设置 Router1 的 s0/0、fa0/1 接口的 IP 地址，如下所示。

```
Router1#config terminal
Router1 (config) #interface s0/0
Router1 (config-if) #ip address 192.168.10.1 255.255.255.0
Router1 (config-if) #clock rate 64000
Router1 (config-if) #no shutdown
Router1 (config-if) #exit
Router1 (config) #interface fa0/1
Router1 (config-if) #ip address 192.168.1.1 255.255.255.0
Router1 (config-if) #no shutdown
Router1 (config-if) #end
Router1#
```

步骤 6：设置 Router1 的静态路由，如下所示。

```
Router1#config terminal
Router1 (config) #ip route 192.168.2.0 255.255.255.0 192.168.10.2
Router1 (config) #exit
Router1#copy run start          ; 或 write
Router1#
```

步骤 7：查看 Router1 的运行配置和路由表，如下所示。

```
Router1#show running-config
Router1#show startup-config
Router1#show ip route
```

在特权模式下，可用 erase startup-config 命令删除启动配置文件，可用 reload 命令重启路由器。

（5）Router2 的设置。

在 PC3 上通过超级终端登录到 Router2 上，参考表 5-2 中的有关数据设置 Router2，具体设置方法参考上面 Router1 的设置。

（6）网络联通性测试。

用 ping 命令测试 PC1、PC2、PC3、PC4 之间的联通性，并将测试结果填入表 5-3 中。

表 5-3　计算机之间的联通性

计算机	PC1	PC2	PC3	PC4
PC1	—			
PC2		—		

续表

计算机	PC1	PC2	PC3	PC4
PC3			—	
PC4				—

5.5 本章习题

一、选择题

1. 在计算机网络中，能将异种网络互联起来，并实现不同网络协议相互转换的网络互联设备是_____。

    A．集线器   B．路由器   C．网关   D．网桥

2. 路由器转发分组依据的是报文分组的_____。

    A．端口号   B．MAC 地址   C．IP 地址   D．域名

3. 图 5-11 所示为一个简单的互联网络示意图，其中，路由器 R 的路由表中到达网络 40.0.0.0 的下一跳步 IP 地址应为_____。

图 5-11　简单的互联网络

    A．10.0.0.5   B．20.0.0.5   C．30.0.0.7   D．40.0.0.7

4. 在图 5-12 所示的互联网中，如果主机 A 发送了一个目的地址为 255.255.255.255 的 IP 数据包，那么有可能接收到该数据包的设备为_____。

图 5-12　互联网

    A．路由器 X   B．路由器 Y   C．主机 B   D．主机 C

5. 某路由器的路由表如表 5-4 所示。如果它收到一个目的地址为 192.168.10.23 的 IP 数据包，那么它为该数据包选择的"下一站"路由器地址为_____。

表 5-4　路由表（一）

要到达的网络	"下一站"路由器
192.168.1.0	直接投递
192.168.2.0	直接投递

续表

要到达的网络	"下一站"路由器
192.168.3.0	192.168.1.35
0.0.0.0	192.168.2.66

A．192.168.10.1   B．192.168.2.66

C．192.168.1.35   D．直接投递

6．某路由器的路由表如表 5-5 所示，当路由器接收到源 IP 地址为 10.0.1.25，目的 IP 地址为 192.168.1.36 的数据包时，它对该数据包的处理方式为_____。

表 5-5　路由表（二）

要达到的网络	"下一站"路由器
10.0.0.0	20.5.3.25
11.0.0.0	26.8.3.7
193.168.1.0	22.3.8.58
194.168.1.0	25.26.3.21

A．投递到 20.5.3.25   B．投递到 22.3.8.58

C．投递到 192.168.1.0   D．丢弃

7．在目前使用的 RIP 协议中，通常使用_____参数表示距离。

A．带宽   B．延迟

C．跳数   D．负载

8．关于 RIP 协议的描述，正确的是_____。

A．采用链路-状态算法   B．距离通常用带宽表示

C．向相邻路由器广播路由信息 D．适合特大型互联网使用

9．关于 RIP 和 OSPF 协议的描述，正确的是_____。

A．RIP 和 OSPF 协议都采用向量-距离算法

B．RIP 和 OSPF 协议都采用链路-状态算法

C．RIP 协议采用向量-距离算法，OSPF 协议采用链路-状态算法

D．RIP 协议采用链路-状态算法，OSPF 协议采用向量-距离算法

10．关于 OSPF 和 RIP 协议中路由信息广播方式的描述，正确的是_____。

A．OSPF 协议向全网广播，RIP 协议仅向相邻路由器广播

B．RIP 协议向全网广播，OSPF 协议仅向相邻路由器广播

C．OSPF 和 RIP 协议都向全网广播

D．OSPF 和 RIP 协议都仅向相邻路由器广播

二、填空题

1．路由器是构成 Internet 的关键设备。按照 OSI 参考模型，它工作于_____层。

2．在广域网中，数据分组传输过程需要进行_____选择与分组转发。

3．路由器可以包含一个特殊的路由，如果没有发现到达某一特定网络或特定主机的路由，那么它在转发数据包时使用的路由称为_____路由。

4．在 Internet 路由器中，有些路由表项是由网络管理员手动建立的，这些路由表项被称

为_____路由表项。

5．在路由器中，有一些路由表项是路由器相互发送路由信息自动形成的，这些路由表项被称为_____路由表项。

6．RIP 协议采用_____路由选择算法，OSPF 协议采用_____路由选择算法。

三、简答题

1．常见的路由器端口主要有哪些？

2．简述路由器的工作原理。

3．简述路由器与交换机的区别。

4．静态路由和默认路由有何区别？二者中哪一个执行速度更快？

5．常用的路由选择算法有哪些？

第6章

常用网络命令

学习目标

（1）熟练掌握 TCP/IP 传输层协议 TCP 和 UDP。

（2）掌握常用的 TCP/UDP 端口号。

（3）掌握常用网络命令的使用方法。

（4）了解 ICMP、ARP、RARP 协议。

（5）了解三次握手机制、滑动窗口协议、确认与重传机制。

6.1 TCP/UDP 协议

TCP 协议（Transmission Control Protocol，传输控制协议）和 UDP 协议（User Datagram Protocol，用户数据报协议）是传输层中最重要的两个协议。TCP 协议提供 IP 环境下的数据可靠传输，它提供的服务包括数据流传送、可靠性、流量控制、全双工操作和多路复用等，是一种面向连接的、端到端的、可靠的数据包传送协议，可将一台主机的字节流无差错地传送到目的主机。通俗来说，它事先为所发送的数据开辟出连接好的通道，然后进行数据发送。而 UDP 协议则不为 IP 环境下的数据提供可靠性、流量控制或差错恢复功能，是不可靠的无连接协议，不要求分组顺序到达目的地。一般来说，TCP 协议对应的是可靠性要求高的应用，而 UDP 协议对应的则是可靠性要求低、传输经济的应用。TCP 协议支持的应用层协议主要有 Telnet、FTP、SMTP 等；UDP 协议支持的应用层协议主要有 NFS、DNS、SNMP（Simple Network Management Protocol，简单网络管理协议）、TFTP（Trivial File Transfer Protocol，通用文件传输协议）等。

在 TCP/IP 体系中，由于 IP 协议是无连接的，IP 数据包要经过若干个点到点连接，不知道会在什么地方存储延迟一段时间，也不知道是否会突然出现。TCP 协议要解决的关键问题就在于此，TCP 协议采用的三次握手机制、滑动窗口协议、确认与重传机制都与此有关。

6.1.1 TCP 协议的格式

TCP 协议的数据单元被称为报文段（Segment），TCP 报文段的格式如图 6-1 所示。

图 6-1 TCP 报文段的格式

各字段的含义如下。

（1）源端口号和目的端口号。二者各占 16 位，分别用于标识发送端和接收端的应用进程。这两个值加上 IP 首部中的源 IP 地址和目的 IP 地址，唯一地确定了一个连接。1024 以下的端口号被称为知名端口（Well-Known Port），它们被保留用于一些标准的服务。

（2）序号。序号占 32 位，所发送的消息的第一字节的序号，用于标识从 TCP 发送端和 TCP 接收端发送的数据字节流。

（3）确认号。确认号占 32 位，期望收到对方的下一个消息的第一字节的序号，是确认的一端所期望接收的下一个序号。只有在"标识"字段中的 ACK 位设置为 1 时，此序号才有效。

（4）首部长度。首部长度占 4 位，以 32 位为计量单位的 TCP 报文段首部的长度。

（5）保留。保留占 6 位，为将来的应用而保留，目前设置为"0"。

（6）标识。标识占 6 位，有 6 个标识位（以下是设置为"1"时的意义，为"0"时相反）。

① 紧急位（URG）：紧急指针有效。

② 确认位（ACK）：确认号有效。

③ 急迫位（PSH）：接收方收到数据后，立即送往应用程序。

④ 复位位（RST）：复位由于主机崩溃或其他原因而出现的错误的连接。

⑤ 同步位（SYN）：SYN=1 且 ACK=0 表示连接请求的消息（第一次握手）；SYN=1 且 ACK=1 表示同意建立连接的消息（第二次握手）；SYN=0 且 ACK=1 表示收到同意建立连接的消息（第三次握手）。

⑥ 终止位（FIN）：表示数据已发送完毕，要求释放连接。

（7）窗口大小。窗口大小占 16 位，滑动窗口协议中的窗口大小。

（8）校验和。校验和占 16 位，对 TCP 报文段首部和 TCP 数据部分的校验。

（9）紧急指针。紧急指针占 16 位，当前序号到紧急数据位置的偏移量。

（10）选项。选项用于提供一种增加额外设置的方法，如连接建立时，双方说明最大的负载能力。

（11）填充。当"选项"字段长度不足 32 位时，需要加以填充。

（12）数据。此处是指来自高层（即应用层）的协议数据。

6.1.2 三次握手机制

TCP/IP 协议在实现端到端的连接时使用了三次握手机制。按一般的想法，连接的建立只需要经过"客户端请求""服务器端指示""服务器端响应""客户端确认"两次握手 4 个步骤即可，如图 6-2 所示。

图 6-2　建立连接的理论过程

　　然而，问题并非如此简单。因为通信子网并不总是那么理想，不能保证分组及时地传到目的地。如果分组丢失，通常使用超时重传机制解决此问题。客户端发出一个连接请求时，同时启动一个定时器，一旦定时器超时，客户端再次发起连接请求并再启动定时器，直到成功建立连接，或重传次数达到一定值时，认为连接不可建立而放弃。

　　最难解决的问题是请求根本没有丢失，而是在子网中存储起来，过一段时间后又突然出现在服务器端，即所谓的延迟重复问题。延迟重复会导致重复连接和重复处理，这在很多应用系统（如订票、银行系统）中是绝对不能出现的。

　　三次握手机制就是为了消除重复连接的问题而提出的。三次握手机制首先要求对本次连接的所有报文进行编号，取一个随机值作为初始序号。由于序号域足够长，可以保证序号循环一周时使用同一序号的旧报文早已传输完毕，网络上也就不会出现关于同一连接、同一序号的两个不同报文。在第一次握手机制中，A 机向 B 机发出连接请求（CR），其中包含 A 机端的初始报文序号（如 X）；在第二次握手机制中，B 机收到 CR 后，发回连接确认（CC）消息，其中，包含 B 机端的初始报文序号（如 Y），以及 B 机对 A 机初始序号 X 的确认；在第三次握手机制中，A 机向 B 机发送 X 序号数据，其中包含对 B 机初始序号 Y 的确认。TCP 的三次握手过程如图 6-3 所示。

图 6-3　TCP 的三次握手过程

6.1.3　滑动窗口机制

在面向连接的传输过程中，发送方每发出一个数据包都需要得到接收方的确认。所以，关于面向连接数据传输的最简单协议如下：每发出一个数据包，等待确认；收到确认后再发送下一个数据包，这就是最简单的停止等待协议，其最大的缺点就是效率太低。

与上述简单停止等待协议相对的另一个极端是无确认数据包传输。发送方可以一直向网络注入数据而不管网络是否拥塞，以及对方是否收到。当然，这种方式的可靠性很难保证。

TCP 协议采用的滑动窗口机制是一种介于上述两者之间的折中方案，既可充分利用连接所提供的网络能力，又能保证可靠性。滑动窗口包含一组顺序排列的报文序号。在发送端，窗口内的报文序号对应的报文是可以连续发送的。各报文按序发送出去，但确认不一定按序返回。一旦窗口内的前面部分的报文得到确认，窗口则向前滑动相应位置，落入窗口内的后续报文又可以连续发送。一个窗口大小为 4 的发送端滑动窗口示意图如图 6-4 所示。

图 6-4　发送端滑动窗口示意图

其中，报文 1、2、3 已发送且确认；报文 4、5 已发送，但至少报文 4 未确认。如果报文 5 先确认，报文 4 后确认，后面的报文还未确认，则窗口一次向前滑动两个位置，报文 8、9 落入窗口内，此时报文 6、7、8、9 可连续发送。报文 4 确认之前，窗口是不能滑动的，报文 4 确认后窗口立即滑动。

在接收端，窗口内的序号对应允许接收的报文。窗口前面的报文是已收到且已发回确认的报文，是不允许再次接收的，窗口后面的报文要等待窗口滑动后才能接收。

滑动窗口机制的一个重要用途是流量控制，网关和接收端可以通过某种方式（如 ICMP）通知发送方改变其窗口大小，以限制发送方报文注入网络的速度，达到流量控制的目的。

6.1.4　确认与重传机制

TCP 协议保证数据有效性的重要措施是确认与重传机制。TCP 协议建立在一个不可靠的虚拟通信系统上，数据丢失的问题可能经常发生，发送方一般利用重传技术补偿数据包的丢失，但需要通信双方协同解决。接收方正确接收数据包时，要回复一个确认信息给发送方；而发送方发送数据时启动一个定时器，在定时器超时之前，如果没有收到确认信息，则重新传送该数据。图 6-5 说明了 TCP 协议的确认与重传机制。

TCP 协议数据流的特点是无结构的字节流，流中的数据是由一个个字节构成的序列，而无任何可供解释的结构，这一特点在 TCP 协议的基本传输单元（段）中体现为段不定长。可变长 TCP 段为确认与超时重传机制带来的结果是所谓的"累计确认"。TCP 协议确认针对流中的字节，而不是段。接收方确认已正确收到的、最长的、连续的流前部，每个确认指出下一个希望接收的字节（比流前部字节数大 1 的位置）。

图 6-5　TCP 协议的确认与重传机制

在确认与超时重传机制中，定时器初值的设定显得尤为重要。在互联网中，要确定合适的定时器初值是一件相当困难的事情。从发出数据到收到确认所需的往返时间是动态变化的，很难把握。为了适应上述情况，TCP 协议采用的是一种自适应重传算法，其基本思想如下：TCP 协议监视每一条连接的性能，由此推算出合适的定时器初值，当连接性能发生变化时，TCP 协议随即改变定时器初值。

6.1.5　UDP 协议的格式

UDP 协议的格式如图 6-6 所示。

图 6-6　UDP 协议的格式

（1）源端口号和目的端口号，标识发送端和接收端的应用进程。

（2）报文长度，包括 UDP 报头和数据在内的报文长度值，以字节为单位，最小为 8 字节。

（3）校验和，计算对象包括伪协议头、UDP 报头和数据。校验和为可选字段，如果该字段设置为 0，则表示发送者没有为该 UDP 报文提供校验和。伪协议头主要包括源 IP 地址、目的 IP 地址、协议号和 UDP 报文长度等来自 IP 报头的字段，对其进行校验主要是为了检验 UDP 报文是否正确传送到了目的地。

UDP 协议建立在 IP 协议之上，同 IP 协议一样，提供无连接的数据传输服务。相对于 IP 协议，UDP 协议增加的唯一功能是提供协议端口，以保证进程通信。

许多基于 UDP 协议的应用程序在高可靠性、低延迟的局域网上运行很好，而一旦到了通信子网 QoS（服务质量）很低的互联网中，可能根本不能运行，原因就在于 UDP 协议不可靠，而这些程序本身又没有做可靠性处理。因此，基于 UDP 协议的应用程序在不可靠子网上必须自己解决可靠性（如报文丢失、重复、失序和流量控制等）问题。

虽然 UDP 协议如此不可靠，但 TCP/IP 协议仍旧采纳的最主要的原因是 UDP 协议的效率高。在实际应用中，UDP 协议往往面向只需少量报文交互的应用，假如为此而建立连接和撤除连接，开销是相当大的。在这种情况下，使用 UDP 协议就很有效，即使因报文损失而重传一次，其开销也比面向连接的传输要小。

6.1.6　TCP/UDP 端口

TCP 和 UDP 都是传输层协议，是 IP 协议与应用层协议之间的处理接口。TCP 和 UDP 协议的端口号被设计用来区分运行在单个设备上的多个应用程序。

由于在同一台机器上可能会运行多个网络应用程序，所以计算机需要确保目的计算机上接收源主机数据包的软件应用程序的正确性，以及响应能被发送到源主机的正确应用程序上。该过程正是通过使用 TCP 或 UDP 端口号实现的。在 TCP 和 UDP 报文的头部中，有"源端口号"和"目的端口号"字段，主要用于显示发送和接收过程中的身份识别信息。IP 地址和端口号合在一起被称为"套接字"。

IETF IANA 定义了 3 种端口组：知名端口（Well-Known Ports）、注册端口（Registered Ports）及动态和/或私有端口（Dynamic and/or Private Ports）。

① 知名端口的范围为 0～1023。

② 注册端口的范围为 1024～49 151。

③ 动态和/或私有端口的范围为 49 152～65 535。

常用的 TCP/UDP 端口号见表 6-1。

表 6-1　常用的 TCP/UDP 端口号

TCP 端口号		UDP 端口号	
端 口 号	服 务	端 口 号	服 务
0	保留	0	保留
20	FTP-data	49	Login
21	FTP-command	53	DNS
23	Telnet	69	TFTP
25	SMTP	80	HTTP
53	DNS	88	Kerberos
79	Finger	110	POP3
80	HTTP	161	SNMP
88	Kerberos	213	IPX
139	NetBIOS	2049	NFS
443	HTTPS	443	HTTPS

管理好端口号对保证网络安全具有非常重要的意义，黑客往往通过探测目的主机开启的端口号进行攻击。所以，对那些没有用到的端口号，最好将它们关闭。

6.2 ARP 和 RARP 协议

利用地址解析协议（Address Resolution Protocol，ARP）就可以由 IP 地址得知其 MAC 地址。以太网协议规定，同一局域网中的一台主机如果要和另一台主机直接进行通信，则必须知道目的主机的 MAC 地址。而在 TCP/IP 协议中，网络层和传输层只关心目的主机的 IP 地址，这就导致在以太网中使用 IP 协议时，数据链路层协议接收到的上层 IP 协议提供的数据中只包含目的主机的 IP 地址。于是需要一种方法，根据目的主机的 IP 地址获得其 MAC 地址，这就是 ARP 协议要做的事情。所谓地址解析（Address Resolution），就是主机在发送数据帧前需要将目的主机 IP 地址解析成目的主机 MAC 地址。

另外，当发送主机和目的主机不在同一个局域网中时，即便知道目的主机的 MAC 地址，两者也不能直接通信，必须经过路由转发才可以。所以，此时发送主机通过 ARP 协议获得的将不是目的主机真实的 MAC 地址，而是一台可以通往局域网外的路由器的某个端口的 MAC 地址。于是，此后发送主机发往目的主机的所有帧都将发往该路由器，通过它向外发送，这种情况称为 ARP 代理（ARP Proxy）。

6.2.1 ARP 协议的工作原理

在每台安装 TCP/IP 协议的计算机中都有一个 ARP 缓存表，表中的 IP 地址与 MAC 地址是一一对应的。

下面以主机 A（192.168.1.5）向主机 B（192.168.1.1）发送数据为例说明 ARP 协议的工作原理。

（1）当发送数据前，主机 A 会在自己的 ARP 缓存表中寻找是否有目的主机 B 的 IP 地址。

（2）如果在主机 A 的 ARP 缓存表中找到了目的主机的 IP 地址，也就可以知道目的主机 B 的 MAC 地址，直接把目的主机 B 的 MAC 地址写入帧里面就可以发送。

（3）如果在主机 A 的 ARP 缓存表中没有找到目的主机 B 的 IP 地址，主机 A 就会在网络上发送一个广播："我是 192.168.1.5，我的 MAC 地址是 00-aa-00-66-d8-13，请问 IP 地址为 192.168.1.1 的 MAC 地址是什么？"

（4）网络上的其他主机并不响应 ARP 询问，只有主机 B 接收到这个帧时，才向主机 A 做出这样的回应："192.168.1.1 的 MAC 地址是 00-aa-00-62-c6-09。"

（5）这样，主机 A 就知道了主机 B 的 MAC 地址，它就可以向主机 B 发送信息。

（6）主机 A 和主机 B 同时更新自己的 ARP 缓存表（因为主机 A 在询问时把自己的 IP 地址和 MAC 地址一起告诉了主机 B），下次主机 A 再向主机 B 或者主机 B 向主机 A 发送信息时，直接从各自的 ARP 缓存表中查找即可。

（7）ARP 缓存表采用了老化机制（即设置了生存时间 TTL），在一段时间内（一般为 15～20min），如果表中的某一行内容（IP 地址与 MAC 地址的映射关系）没有被使用过，该行内容就会被删除，这样可以大大减少 ARP 缓存表的长度，加快查询速度。

6.2.2　RARP 协议的工作原理

反向地址解析协议（Reverse Address Resolution Protocol，RARP）用于一种特殊情况中。如果某站点被初始化后，只有自己的 MAC 地址而没有 IP 地址，则它可以通过 RARP 协议发出广播请求，询问自己的 IP 地址，RARP 服务器负责回答。这样，无 IP 地址的站点就可以通过 RARP 协议取得自己的 IP 地址，该 IP 地址在下一次系统重启以前一直有效。RARP 协议广泛用于无盘工作站获取 IP 地址。

RARP 协议的工作原理如下。

（1）源主机发送一个本地的 RARP 广播，在此广播包中声明自己的 MAC 地址，并且请求任何收到此请求的 RARP 服务器分配一个 IP 地址。

（2）本地网段上的 RARP 服务器收到此请求后，检查其 RARP 列表，查找该 MAC 地址对应的 IP 地址。

（3）如果存在，RARP 服务器就向源主机发送一个响应数据包，并将此 IP 地址提供给源主机使用。

（4）如果不存在，RARP 服务器对此不做任何响应。

（5）源主机收到 RARP 服务器的响应信息后，就利用得到的 IP 地址进行通信；如果一直没有收到 RARP 服务器的响应信息，则表示初始化失败。

6.3　ICMP 协议

在任何网络体系结构中，控制功能是必不可少的。网络层使用的控制协议是网际控制报文协议（Internet Control Message Protocol，ICMP）。ICMP 协议不仅用于传输控制报文，还用于传输差错报文。

实际上，ICMP 报文是作为 IP 数据包的数据部分传输的，如图 6-7 所示。

图 6-7　ICMP 报文封装在 IP 数据包中传输

6.3.1　ICMP 差错报文

ICMP 作为网络层的差错报文传输机制，最基本的功能是提供差错报告。但 ICMP 协议并不严格规定对出现的差错采取何种处理方式。事实上，源主机接收到 ICMP 差错报告后，常常需要将差错报告与应用程序联系起来，这样才能进行相应的差错处理。

ICMP 差错报告通常采用路由器到源主机的模式，即所有的差错都需要向源主机报告。

ICMP 差错报告有以下几个特点。

（1）差错报告不享受特别优先权和可靠性，作为一般数据传输。在传输过程中，它完全有可能丢失、损坏或被丢弃。

（2）ICMP 差错报告数据中除包含故障 IP 数据包包头外，还包含故障 IP 数据包数据区的前 64 位数据。通常，利用这 64 位数据可以了解高层协议（如 TCP 协议）的重要信息。

（3）ICMP 差错报告是伴随丢弃出错 IP 数据包而产生的。IP 软件一旦发现传输错误，需要先将出错的数据包丢弃，然后调用 ICMP 协议向源主机报告差错信息。

ICMP 差错报告包括目的地不可达报告、超时报告、参数出错报告等。

（1）目的地不可达报告。路由器的主要功能是进行 IP 数据包的路由选择和转发，但是路由器的路由选择和转发并不是总能成功的。在路由选择和转发出现错误的情况下，路由器便发出目的地不可达报告。目的地不可达可以分为网络不可达、主机不可达、协议不可达、端口不可达等多种情况。根据每一种不可达的具体原因，路由器发出相应的 ICMP 目的地不可达差错报告。

（2）超时报告。如果路由器发现当前数据包的生存时间（Time To Live，TTL）已减为 0，将丢弃该数据包，并且向源主机发送一个 ICMP 超时差错报告，同时通知源主机该数据包已被丢弃。

（3）参数出错报告。路由器或目的主机在处理收到的数据包时，如果发现包头参数中存在无法继续完成处理任务的错误，则丢弃该数据包，并向源主机发送参数出错报告，指出可能出现错误的参数位置。

6.3.2　ICMP 控制报文

ICMP 控制报文包括拥塞控制和路由控制两部分。

（1）拥塞控制与源抑制报文。

所谓拥塞，就是路由器被大量涌入的 IP 数据包"淹没"的现象，其产生的原因主要有以下两个方面。

① 路由器处理速度慢，无法完成 IP 数据包排队等日常工作。

② 路由器传入数据速率大于传出速率。

为了控制拥塞，IP 软件采用"源站抑制"技术。路由器对每个接口进行监视，一旦发现拥塞，立即向相应源主机发送 ICMP 源抑制报文，请求源主机降低发送 IP 数据包的速率。

发送抑制报文的方式有 3 种。

① 如果路由器的某输出队列已满，在缓冲区空出之前，该队列将抛弃新来的 IP 数据包。每抛弃一个数据包，路由器就向该数据包的源主机发送一个 ICMP 源抑制报文。

② 为路由器的输出队列设定一个阈值，当队列中的数据包积累到一定数量，超过阈值后，如果再有新的数据包到来，路由器就向数据包的源主机发送 ICMP 源抑制报文。

③ 更加复杂的"源站抑制"技术是有选择地抑制 IP 数据包发送速率较高的源主机。

关于什么时候解除拥塞，路由器不通知源主机，源主机根据当前一段时间内是否收到 ICMP 源抑制报文自主决定。

（2）路由控制与重定向报文。

在 IP 互联网中，主机可以在传输数据的过程中不断从相邻的路由器获得新的路由信息。通常，主机在启动时都具有一定的路由信息，但路径不一定是最优的。路由器一旦检测到某 IP 数据包经非优路径传输，它一方面继续将该数据包转发出去，另一方面向源主机发送一个 ICMP 重定向报文，通知源主机到达相应目的主机的最优路径。

ICMP 重定向报文的优点是保证主机拥有一个动态的、既小且优的路由表。

6.3.3 ICMP 回应请求与应答报文

为了便于进行故障诊断和网络控制,可以利用 ICMP 回应请求与应答报文获取某些有用的信息。

（1）回应请求与应答报文：用于测试目的主机或路由器的可达性。请求者向特定目的 IP 地址发送一个包含任选数据区的回应请求,当目的主机或路由器收到该请求后,返回相应的应答。如果请求者收到一个成功的应答,则说明传输路径及数据传输正常。

（2）时间戳请求与应答报文：利用时间戳请求与应答报文,可以从其他机器获得其时钟的当前时间,经估算后再同步时钟。

（3）掩码请求与应答报文：当主机不知道自己所在网络的子网掩码时,可以向路由器发送掩码请求报文,路由器收到请求后发回掩码应答报文,告知主机所在网络的子网掩码。

6.4 本章实训

实训：常用网络命令的使用

1. ipconfig 命令的使用

利用 ipconfig 命令可以查看主机当前的 TCP/IP 配置信息（如 IP 地址、网关、子网掩码等）、刷新动态主机配置协议（Dynamic Host Configuration Protocol,DHCP）和域名系统（Domain Name System,DNS）设置。

ipconfig 命令的语法格式如下：

```
ipconfig [/all] [/renew[Adapter]] [/release [Adapter]] [/flushdns] [/displaydns]
[/registerdns] [/showclassid Adapter] [/setclassid Adapter [ClassID]]
```

表 6-2 列举了 ipconfig 命令各选项的具体含义。

表 6-2 ipconfig 命令各选项的具体含义

选　　项	含　　义
/all	显示所有适配器完整的 TCP/IP 配置信息
/renew [Adapter]	更新所有适配器或特定适配器的 DHCP 配置
/release [Adapter]	将 DHCP RELEASE 消息发送到 DHCP 服务器,以释放所有适配器或特定适配器的当前 DHCP 配置并丢弃 IP 地址配置

选　项	含　义
/flushdns	刷新并重设 DNS 客户解析缓存的内容
/displaydns	显示 DNS 客户解析缓存的内容，包括从 Local Hosts 文件预装载的记录，以及最近获得的针对由计算机解析的名称查询的资源记录
/registerdns	初始化计算机上配置的 DNS 名称和 IP 地址的手工动态注册
/showclassid Adapter	显示指定适配器的 DHCP 类别 ID
/setclassid Adapter [ClassID]	配置特定适配器的 DHCP 类别 ID
/?	在命令提示符下显示帮助

ipconfig 命令最适用于配置为自动获取 IP 地址的计算机，使用户可以确定哪些 TCP/IP 配置值是由 DHCP、自动专用 IP 寻址（APIPA）和其他配置所配置的。

如果 Adapter 名称包含空格，要在该适配器名称两边使用引号（即"Adapter 名称"）。

对于适配器名称，ipconfig 命令可以使用星号（*）通配符字符指定名称为指定字符串开头的适配器，或名称包含指定字符串的适配器。例如，"Local*"可以匹配所有以字符串 Local 开头的适配器，而"*Con*"可以匹配所有包含字符串 Con 的适配器。

（1）要显示基本 TCP/IP 配置信息，可执行 ipconfig 命令。

使用不带参数的 ipconfig 命令可以显示所有适配器的 IP 地址、子网掩码和默认网关。

（2）要显示完整的 TCP/IP 配置信息（主机名、MAC 地址、IP 地址、子网掩码、默认网关、DNS 服务器等），可以执行 ipconfig /all 命令，并把显示结果填入表 6-3 中。

表 6-3　TCP/IP 配置信息

选　项	具　体　值
主机名（Host Name）	
网卡的 MAC 地址（Physical Address）	
主机的 IP 地址（IP Address）	
子网掩码（Subnet Mask）	
默认网关地址（Default Gateway）	
DNS 服务器（DNS Server）	

（3）仅更新"本地连接"适配器由 DHCP 分配的 IP 地址配置，可以执行 ipconfig /renew 命令。

（4）要在排除 DNS 的名称解析故障期间刷新 DNS 解析器缓存，可以执行 ipconfig /flushdns 命令。

2．ping 命令的使用

在网络维护过程中，ping 命令是最常用的一个命令。无论是 UNIX、Linux、Windows 操作系统，还是路由器的 IOS 中都集成了 ping 命令。前面已经使用 ping 命令测试了网络的联通性和可达性。

ping 命令是利用 ICMP 回应请求与应答报文来测试目的主机或路由器的可达性的，不同操作系统对 ping 命令的实现稍有不同。通过执行 ping 命令可以获得如下信息。

① 监测网络的联通性，检验与远程计算机或本地计算机的连接。

② 确定是否有数据包被丢失、复制或重传。ping 命令在所发送的数据包中设置了唯一的

序列号（Sequence Number），以此检查其接收到应答报文的序列号。

③ ping 命令在其所发送的数据包中设置时间戳（Timestamp），根据返回的时间戳信息可以计算数据包交换的时间，即 RTT（Round Trip Time）。

④ ping 命令校验每一个收到的数据包，据此可以确定数据包是否损坏。

除了可以使用简单的"ping 目的 IP 地址"形式，还可以使用 ping 命令的选项。完整的 ping 命令形式如下：

```
ping [-t][-a][-n count][-l size][-f][-i TTL][-v TOS][-r count][-s count] [[-j host-list]|
[-k host-list]][-w timeout] 目的 IP 地址
```

表 6-4 列举了 ping 命令各选项的具体含义。从表 6-4 中可以看出，ping 命令的很多选项实际上是指定互联网如何处理和对待携带 ICMP 回应请求与应答报文的 IP 数据包的。例如，选项-f 通过指定 IP 包头的标志字段告诉互联网上的路由器不要对携带 ICMP 回应请求与应答报文的 IP 数据包进行分片。

表 6-4　ping 命令各选项的具体含义

选　项	含　义
-t	连续地 ping 目的主机，直到手动停止（按 Ctrl+C 组合键）
-a	将 IP 地址解析为主机名
-n count	发送回送请求 ICMP 报文的次数（默认值为 4）
-l size	定义 echo 数据包的大小（默认值为 32B）
-f	不允许分片（默认为允许分片）
-i TTL	指定生存周期
-v TOS	指定要求的服务类型
-r count	记录路由
-s count	使用时间戳选项
-j host-list	使用松散源路由选项
-k host-list	使用严格源路由选项
-w timeout	指定等待每个回送应答的超时时间（以 ms 为单位，默认值为 1000ms，即 1s）

下面通过一些实例介绍 ping 命令的具体用法。

（1）测试本机 TCP/IP 协议的安装是否正确。

执行"ping 127.0.0.1"命令，如果能 ping 成功，则说明 TCP/IP 协议已正确安装。127.0.0.1 是回送地址，它永远回送到本机。

（2）测试本机 IP 地址是否正确配置或网卡是否正常工作。

执行"ping 本机 IP 地址"命令，如果能 ping 成功，则说明本机 IP 地址配置正确，并且网卡正常工作。

（3）测试与网关之间的联通性。

执行"ping 网关 IP 地址"命令，如果能 ping 成功，则说明本机到网关之间的物理线路是联通的。

（4）测试能否访问 Internet。

执行"ping 202.96.96.68"命令，如果能 ping 成功，则说明本机能访问 Internet。其中，202.96.96.68 是 Internet 上某服务器的 IP 地址。

（5）测试 DNS 服务器是否正常工作。

执行"ping www.baidu.com"命令，如果能 ping 成功（见图 6-8），则说明 DNS 服务器工作正常，可以把网址（www.baidu.com）正确解析为 IP 地址（115.239.211.112）；否则，说明主机的 DNS 未设置或设置有误等。如果计算机打不开任何网页，可通过上述 5 个步骤诊断故障的位置，并采取相应的解决措施。

图 6-8　测试 DNS 服务器是否正常工作

（6）连续发送 ping 探测报文。

有时需要连续发送 ping 探测报文。例如，在路由器的调试过程中，可以让测试主机连续发送 ping 探测报文，一旦配置正确，测试主机可以立即报告目的地可达信息。

连续发送 ping 探测报文可以使用-t 选项。例如，在 PC1 主机上执行"ping -t 192.168.1.20"命令，连续向 IP 地址为 192.168.1.20 的 PC2 主机发送 ping 探测报文，可以按 Ctrl+Break 组合键显示发送和接收 ICMP 回送请求/应答报文的统计信息，如图 6-9 所示。另外，也可按 Ctrl+C 组合键结束 ping 命令。

图 6-9　利用-t 选项连续发送 ping 探测报文

（7）自选数据长度的 ping 探测报文。

在默认情况下，ping 命令使用的探测报文数据长度为 32B。如果希望使用更大的探测数据报文，可以使用-l size 选项。例如，执行"ping -l 1200 192.168.1.20"命令，向 IP 地址为 192.168.1.20 的 PC2 主机发送数据长度为 1200B 的探测数据报文，如图 6-10 所示。

图 6-10　利用-l size 选项指定 ping 探测数据报文长度

（8）修改 ping 命令的请求超时时间。

在默认情况下，系统等待 1000ms（1s），以便让每个响应返回。如果超过 1000ms，系统将显示"无法访问目的主机"信息。在 ping 探测数据报文经过延迟较长的链路时（如卫星链路），响应可能会花更长的时间才能返回，这时可以使用-w timeout 选项指定更长的超时时间。例如，"ping -w 5000 192.168.1.20"命令指定超时时间为 5000ms，如图 6-11 所示。

图 6-11　利用-w timeout 选项指定超时时间

（9）不允许路由器对 ping 探测报文分片。

主机发送的 ping 探测报文通常允许中途的路由器分片，以便使探测报文通过 MTU（最大传输单元）较小的网络。如果不允许 ping 探测报文在传输过程中被分片，可以使用-f 选项。如果指定的探测报文的长度太长，同时又不允许分片，探测报文就不可能到达目的地并返回应答。例如，在以太网中，如果指定不允许分片的探测报文长度为 2500B，执行"ping -f -l 2500 192.168.1.20"命令，系统将给出"需要拆分数据包但是设置 DF"信息，如图 6-12 所示。同时使用-f 和-l 选项，可以对探测报文经过路径上的最小 MTU 进行估计。

图 6-12　在禁止分片的情况下探测报文过长造成目的地不可达

3. tracert 命令的使用

tracert（跟踪路由）是路由跟踪实用程序，用于获得 IP 数据包访问目的主机时从本地计算机到目的主机的路径信息。在 Windows 操作系统中该命令为 tracert，而在 UNIX/Linux 操作系统及 Cisco IOS 中则为 traceroute。tracert 命令通过发送数据包到目的主机并获得应答得到路径和时延信息。一条路径上的每个设备 tracert 命令要测试 3 次，输出结果中包括每次测试的时间（ms）和设备的名称或 IP 地址。

tracert 命令用 IP 生存时间（TTL）字段和 ICMP 差错报文确定从一台主机到网络上其他主机的路由。

tracert 命令通过向目的主机发送具有不同 IP 生存时间（TTL）值的 Internet 控制消息协议（ICMP）回送请求报文，以确定到目的主机的路由。要求路径上的每个路由器在转发数据包之前至少将数据包上的 TTL 值减少 1。当数据包上的 TTL 值减至 0 时，路由器应该将"ICMP 已超时"的消息发回源主机。

tracert 先发送 TTL 值为 1 的回应数据包，并在随后的每次发送过程中将 TTL 值递增 1，直到目的主机响应或 TTL 值达到最大值，从而确定路由路径。通过检查中间路由器发回的"ICMP 已超时"的消息确定路由路径。某些路由器不经询问直接丢弃 TTL 值为 0 的数据包，这在 tracert 实用程序中是看不到的。

tracert 命令按顺序打印返回"ICMP 已超时"消息路径中的近端路由器接口列表。如果使用-d 选项，tracert 实用程序就不在每个 IP 地址上查询 DNS。

tracert 命令的语法格式如下：

```
tracert [-d] [-h MaximumHops] [-j HostList] [-w Timeout] [-R] [-S SrcAddr] [-4][-6]
TargetName
```

表 6-5 列举了 tracert 命令各选项的具体含义。

表 6-5　tracert 命令各选项的具体含义

选　　项	含　　义
-d	防止 tracert 试图将中间路由器的 IP 地址解析为它们的名称
-h MaximumHops	指定搜索目标（目的）路径中"跳数"的最大值，默认"跳数"值为 30
-j HostList	指定"回显请求"消息将 IP 报头中的松散源路由选项与 HostList 中指定的中间目标集一起使用
-w Timeout	指定等待"ICMP 已超时"或"回显答复"消息（对应要接收的给定"回显请求"消息）的时间（单位为 ms）

续表

选　项	含　义
-R	指定 IPv6 路由扩展报头应用，从而将"回显请求"消息发送到本地主机，使用指定目标作为中间目标并测试反向路由
-S SrcAddr	指定在"回显请求"消息中使用的源地址，仅当跟踪 IPv6 地址时才使用该参数
-4	指定 tracert 只能将 IPv4 地址用于本跟踪
-6	指定 tracert 只能将 IPv6 地址用于本跟踪
TargetName	指定目标，可以是 IP 地址或主机名
-?	在命令提示符下显示帮助

（1）要跟踪名为 www.baidu.com 的主机的路径，执行"tracert www.baidu.com"命令，结果如图 6-13 所示。

图 6-13　tracert www.baidu.com 命令的执行结果

（2）要跟踪名为 www.baidu.com 的主机的路径，并防止将每个 IP 地址解析为它的名称，执行"tracert -d www.baidu.com"命令。

4．netstat 命令的使用

使用 netstat 命令可以显示当前活动的 TCP 连接、计算机侦听的端口、以太网统计信息、IP 路由表、IPv4 统计信息（对于 IP、ICMP、TCP 和 UDP 协议）及 IPv6 统计信息（对于 IPv6、ICMPv6、通过 IPv6 的 TCP 以及通过 IPv6 的 UDP 协议）等。

netstat 命令的语法格式如下：

```
netstat [-a] [-e] [-n] [-o] [-p Protocol] [-r] [-s] [Interval]
```

表 6-6 列举了 netstat 命令各选项的具体含义。

表 6-6　netstat 命令各选项的具体含义

选　项	含　义
-a	显示所有活动的 TCP 连接以及计算机侦听的 TCP 和 UDP 端口
-e	显示以太网统计信息，如发送和接收的字节数、数据包数等
-n	显示活动的 TCP 连接，但仅以数字形式表示地址和端口号

选　项	含　义
-o	显示活动的 TCP 连接并包括每个连接的进程 ID（PID），该选项可以与-a、-n 和-p 选项结合使用
-p Protocol	显示 Protocol 所指定的协议的连接
-r	显示 IP 路由表的内容，该选项与 route print 命令等价
-s	按协议显示统计信息
Interval	每隔 Interval 秒重新显示一次选定的信息。按 Ctrl+C 组合键停止重新显示统计信息。如果省略该选项，netstat 命令将只显示一次选定的信息
/?	在命令提示符下显示帮助

（1）要显示所有活动的 TCP 连接以及计算机侦听的 TCP 和 UDP 端口，应执行"netstat -a"命令，结果如图 6-14 所示。

图 6-14　netstat -a 命令的执行结果

（2）要显示以太网统计信息，如发送和接收的字节数、数据包数等，应执行"netstat -e -s"命令，结果如图 6-15 所示。

图 6-15　netstat -e -s 命令的执行结果

5．arp 命令的使用

大多数网络操作系统中都内置了 arp 命令，用于查看、添加和删除高速缓存中的 ARP 表项。在 Windows 7 操作系统中，高速缓存中的 ARP 表可以包含动态（Dynamic）表项和静态（Static）表项，用于存储 IP 地址与 MAC 地址的映射关系。动态表项随时间推移自动添加和删除。而静态表项则一直保留在高速缓存中，直到人为删除或重新启动计算机为止。

在 ARP 表中，每个动态表项的潜在生命周期是 10min，新表项加入时定时器开始计时，如果某个表项添加后 2min 内没有被再次使用，则此表项过期并从 ARP 表中删除。如果某个表项始终在使用，则它的最长生命周期为 10min。

（1）显示高速缓存中的 ARP 表。

使用 arp -a 命令显示高速缓存中的 ARP 表。因为 ARP 表在没有进行手动配置之前，通常为动态 ARP 表项，所以表项的变动较大，arp -a 命令输出的结果也可能大不相同。如果高速缓存中的 ARP 表项为空，则 arp -a 命令的输出结果为"未找到 ARP 项"；如果 ARP 表中存在 IP 地址与 MAC 地址的映射关系，则 arp -a 命令显示该映射关系，如图 6-16 所示。

图 6-16　利用 arp -a 命令显示 ARP 表

（2）添加 ARP 静态表项。

针对 ARP 的欺骗攻击，比较有效的防范方法就是将 IP 地址与 MAC 地址进行静态绑定（见图 6-17）。对于新的 ARP 表项，可用"arp -s　IP 地址　MAC 地址"命令进行静态绑定；但对于已有的 ARP 表项，在 Windows 7/2008 操作系统中，出于安全考虑，不能使用"arp -s　IP 地址　MAC 地址"命令进行静态绑定，否则会出现"ARP 项添加失败：拒绝访问"的错误信息，此时可以使用以下方法进行静态绑定。

```
netsh i i show in
netsh -c "i i" add ne 11 192.168.1.110 00-23-cd-e4-5a-68
arp -a
```

其中，第一条命令 netsh i i show in 是 netsh interface ipv4 show interfaces 的缩写，用来查看"本地连接"对应的 Idx 值（11），此值在第二条命令中会用到；第二条命令中的 netsh -c "i i" add ne 是 netsh -c "interface ipv4" add neighbors 的缩写，11 为"本地连接"的 Idx 值，本命令实现了 IP 地址与 MAC 地址的静态绑定；第三条命令 arp -a 用来查看静态绑定后的 ARP 缓存表，结果如图 6-17 所示。

📖 说　明　删除静态绑定的命令为 netsh -c "i i" delete neighbors 11。

图 6-17　将 IP 地址与 MAC 地址进行静态绑定

（3）删除 ARP 表项。

无论是动态表项还是静态表项，都可以通过"arp -d IP 地址"命令删除。如果要删除所有表项，可以使用 * 代替具体的 IP 地址。图 6-18 给出了执行"arp -d 192.168.1.110"命令后 ARP表项的变化情况。

图 6-18　利用 arp -d 命令删除 ARP 表项

6.5　本章习题

一、选择题

1．TCP 协议使用_____进行流量控制。

　　A．三次握手法　　　　B．窗口控制机制　　　C．自动重发机制　　　D．端口机制

2．如果用户应用程序使用 UDP 协议进行数据传输，那么_____必须承担可靠性方面的全部工作。

　　A．数据链路层程序　　　　　　　　　　　　B．互联层程序

　　　C．传输层程序　　　　　　　　　　　　　　　D．用户应用程序

　3．关于 TCP 和 UDP 协议的描述，正确的是_____。

　　　A．TCP 和 UDP 都是端到端的传输协议

　　　B．TCP 和 UDP 都不是端到端的传输协议

　　　C．TCP 是端到端的传输协议，UDP 不是端到端的传输协议

　　　D．UDP 是端到端的传输协议，TCP 不是端到端的传输协议

　4．关于 Internet 中主机和路由器的描述，错误的是_____。

　　　A．主机通常需要实现 TCP/IP 协议

　　　B．主机通常需要实现 IP 协议

　　　C．路由器必须实现 TCP 协议

　　　D．路由器必须实现 IP 协议

　5．关于 ARP 协议的描述，正确的是_____。

　　　A．请求采用单播方式，应答采用广播方式

　　　B．请求采用广播方式，应答采用单播方式

　　　C．请求和应答都采用广播方式

　　　D．请求和应答都采用单播方式

　6．关于 ICMP 差错报文特点的描述，错误的是_____。

　　　A．享受特别优先权和可靠性

　　　B．数据包含故障 IP 数据包数据区的前 64bit

　　　C．伴随抛弃出错 IP 数据包产生

　　　D．目的地址通常为抛弃数据包的源地址

　7．ICMP 回应请求与应答报文的主要功能是_____。

　　　A．获取本网络使用的子网掩码

　　　B．报告 IP 数据包中的出错参数

　　　C．将 IP 数据包进行重新定向

　　　D．测试目的主机或路由器的可达性

二、填空题

　1．HTTP 服务的端口号为_____；FTP 服务的端口号为_____；Telnet 服务的端口号为_____；DNS 服务的端口号为_____；SMTP 服务的端口号为_____；HTTPS 服务的端口号为_____。

　2．为了保证连接的可靠建立，TCP 协议使用了_____法。

　3．通过测量一系列的_____值，TCP 协议可以估算数据包重发前需要等待的时间。

　4．UDP 协议可以为其用户提供不可靠的、面向_____的传输服务。

　5．以太网利用_____协议获得目的主机 IP 地址与 MAC 地址的映射关系。

　6．ICMP 报文是作为_____的数据部分传输的，_____命令是利用 ICMP 协议的回应请求与应答报文来测试目的主机或路由器的可达性的。

　7．ICMP 差错报告包括_____报告、_____报告、_____报告等。

三、简答题

　1．通过 ipconfig 命令可以查看哪些信息？

2．ping 命令提供了哪些功能？

3．RARP 协议主要用于什么地方？

4．ICMP 报文有哪几种类型？

5．简述 ARP 和 RARP 协议的工作原理。

四、实践操作题

1．利用 ping 命令对您所在的局域网进行测试，并给出该局域网 MTU 的估算值。

2．利用 tracert 命令列举从您所在的局域网到 www.baidu.com 所经过的网关地址。

第7章

无线局域网技术

学习目标

（1）熟练掌握无线局域网的基础、标准、组网模式。

（2）掌握如何组建 Ad-Hoc 模式无线对等网络。

（3）掌握如何组建 Infrastructure 模式无线局域网。

（4）了解无线加密标准。

7.1 无线局域网的基础

无线局域网（Wireless Local Area Networks，WLAN）利用电磁波在空气中发送和接收数据，而无须线缆介质。作为传统有线网络的一种补充和延伸，无线局域网把员工从办公桌边解放了出来，使他们可以随时随地获取信息，提高了员工的办公效率。此外，无线局域网还有一些其他优点。例如，无线局域网能够非常方便地实施联网技术，因为无线局域网可以便捷、迅速地接纳新加入的员工，而不必对网络的用户管理配置进行过多的变动；在有线网络布线困难的地方，无线局域网比较容易实施，不必再实施打孔、敷线等作业，因而不会对建筑设施造成任何损害。

通过笔记本电脑中的无线网卡，无论是在酒店、咖啡馆的走廊里，还是在外地出差，都可以摆脱线缆实现无线宽带上网，甚至可以在外地进入自己公司的内部局域网，进行办公处理或者给下属发出电子指令，这在目前已经普及。

无线局域网的数据传输速率已经超过 1Gbps，传输距离可达 20km 以上。无线局域网是对有线联网方式的一种补充和扩展，使网络上的计算机具有可移动性，能快速解决使用有线方式不易实现的网络联通问题。无线局域网具有以下几方面特点。

（1）安装便捷。一般而言，在网络建设中，施工周期最长、对周边环境影响最大的就是网络布线施工。在施工过程中，往往需要破墙掘地、穿线架管。而无线局域网最大的优势就是免去或减少了网络布线的工作量，一般只要安装一个或多个无线接入点（Access Point，AP）设备，就可以组建覆盖整个建筑或地区的无线局域网络。

（2）使用灵活。在有线网络中，网络设备的安放位置受到网络信息点位置的限制。而一旦无线局域网建成后，在无线局域网的信号覆盖区域内的任何一个位置都可以接入网络。

（3）经济节约。由于有线网络缺少灵活性，这就要求网络规划者应尽可能地考虑未来发展的需要，所以会预设大量利用率较低的信息点。而一旦网络的发展超出了设计规划，又要花费较多费用进行网络改造，而无线局域网可以避免或减少以上情况的发生。

（4）易于扩展。无线局域网有多种配置方式，能够根据需要灵活选择。这样，无线局域网就能设计成只有几个用户的小型局域网或有成千上万个用户的大型网络，并且能够提供像"漫游"（Roaming）等有线网络无法提供的特性。

由于无线局域网具有多方面优点，所以发展十分迅速。目前，无线局域网已经在医院、商店、工厂和学校等不适合网络布线的场合得到了广泛应用。

无线局域网的出现就是为了解决有线网络无法克服的困难。虽然无线局域网有诸多优势，但与有线网络相比，无线局域网也有很多不足。无线局域网速率较低、价格较高，因而它主要面向有特定需求的用户。目前，无线局域网还不能完全脱离有线网络，无线局域网与有线网络是互补关系，而不是竞争关系，更不是代替关系。近年来，无线局域网产品的价格逐渐下降，相应软件也逐渐成熟。此外，无线局域网已经能够通过与广域网相结合的形式提供移动互联网的多媒体业务。相信在未来,无线局域网将以它的高速传输能力和灵活性发挥更加重要的作用。

7.2　无线局域网的标准

目前，支持无线局域网的技术标准主要有 IEEE 802.11x 系列标准、家庭无线网络技术、蓝牙技术等。

7.2.1　IEEE 802.11x 系列标准

1997 年 6 月，IEEE 推出了第一代无线局域网标准——IEEE 802.11。该标准定义了物理层和介质访问控制子层（MAC）的协议规范，传输速率最高只能达到 2Mbps。此后这一标准不断得到补充和完善，形成 IEEE 802.11x 系列标准。IEEE 802.11 标准规定了物理层允许采用的 3 种传输技术：红外线、跳频扩频和直接序列扩频。红外无线数据传输按视距方式传播，发送点必须能直接看到接收点，中间没有阻挡。红外无线数据传输技术主要有 3 种：定向光束红外传输、全方位红外传输和漫反射红外传输。

扩频通信是将数据基带信号频谱扩展几倍或几十倍，以牺牲通信带宽为代价达到提高无线通信系统的抗干扰性和安全性。扩频技术主要有以下两种。

（1）跳频扩频。在跳频扩频方案中，发送信号频率按固定的间隔从一个频谱跳到另一个频谱。接收器与发送器同步跳动，从而正确地接收信息。而那些可能的入侵者只能得到一个无法理解的标记。发送器以固定的间隔一次变换一个发送频率。IEEE 802.11 标准规定每 300ms 的时间间隔变换一次频率。发送频率变换的顺序由伪随机数发生器产生的伪随机码确定，发送器和接收器使用相同变换的顺序序列。

（2）直接序列扩频。在直接序列扩频方案中，输入数据信号进入一个通道编码器并产生一个接近某中央频谱的较窄带宽的模拟信号。这个信号将用一系列看似随机的数字（伪随机码）进行调制，调制的结果大大拓宽了要传输信号的带宽，因此被称为扩频通信。在接收端，使用同样的伪随机码恢复原信号，信号再进入通道解码器还原传送的数据。

1．IEEE 802.11b 标准

IEEE 802.11b 即 Wi-Fi（Wireless Fidelity，无线相容性认证），它利用 2.4GHz 的频段。2.4GHz 的 ISM（Industrial Scientific Medical）频段为世界上绝大多数国家通用，因此 IEEE 802.11b 标准得到了广泛应用。它的最大数据传输速率为 11Mbps，无须直线传播。在动态速率转换时，如果无线信号变差，可将数据传输速率降低为 5.5Mbps、2Mbps 和 1Mbps。支持的范围在室外为 300m，在办公环境中最长为 100m。IEEE 802.11b 是所有无线局域网标准演进的基石，未来许多系统大都需要与 IEEE 802.11b 标准向后兼容。

2．IEEE 802.11a 标准

IEEE 802.11a 标准是得到广泛应用的 IEEE 802.11b 标准的后续标准。它采用 5GHz 频段，传输速率可达 54Mbps。由于 IEEE 802.11a 标准采用 5GHz 频段，所以它与 IEEE 802.11 标准和 IEEE 802.11b 标准不兼容。

3．IEEE 802.11g 标准

IEEE 802.11g 是为了提高传输速率而制定的标准，采用 2.4GHz 频段，使用 CCK（Complementary Code Keying，补码键控）技术与 IEEE 802.11b 标准向后兼容，同时它通过采用 OFDM（Orthogonal Frequency Division Multiplexing，正交频分多路复用）技术支持高达 54Mbps 的数据流。

4．IEEE 802.11n 标准

IEEE 802.11n 标准可以将无线局域网的传输速率由 IEEE 802.11a 标准及 IEEE 802.11g 标准提供的 54Mbps 提高到 300Mbps，甚至高达 600Mbps。将 MIMO（Multiple-Input Multiple-Output，多进多出）与 OFDM 技术相结合的 MIMO OFDM 技术则提高了无线传输质量，也使传输速率得到极大提升。与以往的 IEEE 802.11 标准不同，IEEE 802.11n 标准为双频工作模式（包含 2.4GHz 和 5GHz 两个工作频段），这样 IEEE 802.11n 标准保障了与以往的 IEEE 802.11b 标准、IEEE 802.11a 标准、IEEE 802.11g 标准兼容。

5．IEEE 802.11ac 标准

IEEE 802.11ac 标准是在 IEEE 802.11a 标准上制定的，仍然使用 IEEE 802.11a 标准的 5GHz 频段。但在通道的设置上，IEEE 802.11ac 标准将沿用 IEEE 802.11n 标准的 MIMO 技术。IEEE 802.11ac 标准每个通道的工作频率将由 IEEE 802.11n 标准的 40MHz 提升到 80MHz 甚至 160MHz，再加上大约 10% 的实际频率调制效率的提升，最终理论传输速率将由 IEEE 802.11n 标准最高的 600Mbps 跃升至 1Gbps，足以在一条信道上同时传输多路压缩视频流。

6．IEEE 802.11ad 标准

IEEE 802.11ad 标准主要用于实现家庭内部无线高清音/视频信号的传输，为家庭多媒体应用带来更完备的高清视频解决方案。IEEE 802.11ad 标准抛弃了拥挤的 2.4GHz 和 5GHz 频段，而使用高频载波的 60GHz 频段。由于 60GHz 频段在大多数国家有大段的频率可供使用，所以 IEEE 802.11ad 标准可以在 MIMO 技术的支持下实现多信道的同时传输，而每个信道的传输带宽都将超过 1Gbps。IEEE 802.11ad 标准最大传输速率可达 7Gbps。

> **注意**　Wi-Fi 联盟是一个非营利且独立于厂商之外的组织，拥有 Wi-Fi 的商标，它负责 Wi-Fi 认证与商标授权的工作。一台基于 IEEE 802.11 标准的设备需要经历严格的测试才能获得 Wi-Fi 认证，所有获得 Wi-Fi 认证的设备之间可进行交互，不管其是否为同一厂商生产。

IEEE 802.11x 系列标准的工作频段和最大传输速率如表 7-1 所示。

表 7-1 IEEE 802.11x 系列标准的工作频段和最大传输速率

无 线 标 准	工 作 频 段	最大传输速率
IEEE 802.11	2.4GHz	2Mbps
IEEE 802.11b	2.4GHz	11Mbps
IEEE 802.11a	5GHz	54Mbps
IEEE 802.11g	2.4GHz	54Mbps
IEEE 802.11n	2.4GHz 和 5GHz	600Mbps
IEEE 802.11ac	5GHz	1Gbps
IEEE 802.11ad	60GHz	7Gbps

7.2.2 家庭无线网络技术

家庭无线网络（Home Radio Frequency，Home RF）是一种专门为家庭用户设计的小型无线局域网技术。它是 IEEE 802.11 标准与 Dect（数字无绳电话）标准的结合，旨在降低语音数据通信成本。Home RF 在进行数据通信时，采用 IEEE 802.11 标准中的 TCP/IP 协议；进行语音通信时，则采用数字增强型无绳通信标准。

Home RF 的工作频率为 2.4GHz，原来的最大数据传输速率为 2Mbps，2000 年 8 月，美国联邦通信委员会（FCC）批准了 Home RF 的传输速率可以提高到 8Mbps～11Mbps。Home RF 最多可以实现 5 个设备之间的互连。

7.2.3 蓝牙技术

蓝牙（Bluetooth）技术实际上是一种短距离无线数字通信的技术标准，采用 2.4GHz 频段，最高数据传输速率为 1Mbps（有效传输速率为 721kbps），传输距离为 10cm～10m，通过增加发射功率传输距离可达到 100m。

蓝牙技术主要应用于手机、笔记本电脑等数字终端设备之间的通信和这些设备与 Internet 的连接。

7.3 无线局域网接入设备

组建无线局域网的设备主要包括无线网卡、无线访问接入点、无线路由器和天线等，几乎所有的无线局域网产品中都自含无线发射/接收功能。

7.3.1 无线网卡

无线网卡是无线连接网络的终端设备，其作用与有线网卡在有线网络中的作用类似。无线网卡按照接口类型可分为以下几种。

（1）台式机专用的 PCI 接口无线网卡，如图 7-1 所示。

（2）笔记本电脑专用的 PCMCIA 接口无线网卡，如图 7-2 所示。

图 7-1　PCI 接口无线网卡

图 7-2　PCMCIA 接口无线网卡

（3）台式机和笔记本电脑均可用的 USB 接口无线网卡，如图 7-3 所示。

（4）笔记本电脑内置的 MINI-PCI 接口无线网卡，如图 7-4 所示。

图 7-3　USB 接口无线网卡

图 7-4　MINI-PCI 接口无线网卡

7.3.2　无线访问接入点

无线访问接入点（Access Point，AP）的作用相当于局域网中的集线器，它在无线局域网和有线局域网之间接收、缓冲存储与传输数据，以支持一组无线用户设备。无线 AP 通常通过标准以太网线连接到有线网络上，并通过天线与无线设备进行通信。在有多个无线 AP 时，用户可以在无线 AP 之间漫游切换。

无线 AP 是移动计算机用户进入有线网络的接入点，主要用于宽带家庭、大楼内部及园区内部，典型传输距离为 20～500m，目前主要技术为 IEEE 802.11x 系列标准。根据技术、配置和使用情况，一个无线 AP 可以支持 15～250 个用户，通过添加更多的无线 AP，可以比较轻松地扩充无线局域网，从而减少网络拥塞并扩大网络的覆盖范围。

室内无线 AP 如图 7-5 所示。此外，还有用于大楼之间的联网通信的室外无线 AP，如图 7-6 所示，其典型传输距离为几千米至几十千米，主要为难以布线的场所提供可靠、便捷的网络连接。

图 7-5　室内无线 AP

图 7-6　室外无线 AP

7.3.3　无线路由器

无线路由器（Wireless Router）集成了无线 AP 和宽带路由器的功能，不仅具备 AP 的无线接入功能，通常还支持 DHCP、防火墙、WPA 加密等功能，同时包括网络地址转换（NAT）

功能，支持局域网用户的网络连接共享，可实现家庭无线局域网中的 Internet 连接共享，实现家庭或小区宽带的无线共享接入。

无线路由器内置有简单的虚拟拨号软件，可以存储用户名和密码，可以为拨号接入 Internet 提供自动拨号功能，而无须手动拨号。此外，无线路由器一般具备相对完善的安全防护功能。

绝大多数无线宽带路由器具有 4 个 LAN 端口和 1 个 WAN 端口，可作为有线宽带路由器使用，如图 7-7 所示。

图 7-7   无线路由器

7.3.4   天线

在无线局域网中，天线具有增强无线信号的作用，可以把它理解为无线信号的放大器。天线对空间不同方向具有不同的辐射或接收能力，而根据方向性的不同，可将天线分为全向天线和定向天线。

1．全向天线

在水平面上，辐射与接收无最大方向的天线称为全向天线。全向天线由于无方向性，所以多用在点对多点通信的中心点。例如，若在相邻的两幢楼之间建立无线连接，就可以选择全向天线，如图 7-8 所示。

2．定向天线

有一个或多个辐射与接收能力最大方向的天线称为定向天线。定向天线能量集中，增益相对全向天线更高，适合远距离点对点通信，同时由于具有方向性，所以抗干扰能力比较强。例如，在一个小区需要横跨几幢楼建立无线连接时就可以选择定向天线，如图 7-9 所示。

图 7-8   全向天线

图 7-9   定向天线

7.4   无线局域网的组网模式

根据应用环境与需求的不同，无线局域网可采取不同的组网模式实现互联。无线局域网的组网模式主要有两种：一种是无基站的 Ad-Hoc（无线对等）模式；另一种是有固定基站的 Infrastructure（基础结构）模式。

7.4.1　Ad-Hoc 模式

Ad-Hoc 模式是一种无线对等网络,是最简单的无线局域网结构,是一种无中心拓扑结构,网络连接的计算机具有平等的通信关系,适用于少量计算机(通常小于 5 台)的无线连接,如图 7-10 所示。任何时候,只要两个或多个的无线网络接口互相都在彼此的无线覆盖范围之内,就可建立一个无线对等网络,实现点对点或点对多点连接。Ad-Hoc 模式不需要固定设施,只需要在每台计算机上安装无线网卡就可以实现,因此非常适合组建临时性网络,如野外作业、军事领域等。

图 7-10　Ad-Hoc 模式无线对等网络

Ad-Hoc 模式是一种省略无线 AP 而搭建的对等网络结构,由于省略无线 AP,所以 Ad-Hoc 模式无线局域网的网络架设过程十分简单。但一般的无线网卡在室内环境下的有效传输距离通常为 40m 左右,当超过此有效传输距离时,就无法实现彼此之间的通信。因此,Ad-Hoc 模式非常适合一些简单甚至是临时性的无线互联需求。

7.4.2　Infrastructure 模式

Infrastructure 模式有一个中心无线 AP,作为固定基站,所有站点均与无线 AP 连接,所有站点对资源的访问由无线 AP 统一控制。Infrastructure 模式是无线局域网最普遍的组网模式,网络性能稳定、可靠,并且可以连接一定数量的用户。中心无线 AP 可以将无线局域网与有线网络连接起来,如图 7-11 所示。

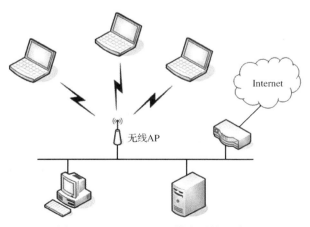

图 7-11　Infrastructure 模式无线局域网

7.5　服务集标识

服务集标识（Service Set Identifier，SSID）用来区分不同的无线局域网，最多可以有 32 个字符，无线网卡设置了不同的 SSID 就可以进入不同的无线局域网。SSID 通常由 AP 广播出来，通过操作系统自带的扫描功能可以查看当前区域内的 SSID。出于安全考虑，可以不广播 SSID，此时用户就要手动设置 SSID 才能进入相应的网络。简单来说，SSID 就是一个无线局域网的名称，只有设置为相同 SSID 值的计算机才能互相通信。

7.6　无线加密标准

目前，无线加密标准主要有 WEP、WPA、WPA2 这 3 种。

7.6.1　WEP 加密标准

WEP（Wired Equivalent Privacy，有线等效保密）是 IEEE 802.11b 标准定义的一个用于无线局域网的安全性协议，主要用于无线局域网业务流的加密和节点的认证，提供和有线局域网同级的安全性。WEP 在数据链路层采用 RC4 对称加密技术，提供了 64 位和 128 位长度的密钥机制。

WEP 定义了两种身份验证的方法：开放系统和共享密钥。在默认的开放系统方法中，用户即使没有提供正确的 WEP 密钥也能接入访问点，共享密钥方法则需要用户提供正确的 WEP 密钥才能通过身份验证，使用了该技术的无线局域网，所有无线客户端与 AP 之间的数据都会以一个共享密钥进行加密。WEP 的问题在于其加密密钥为静态密钥，加密方式存在缺陷，而且需要为每台无线设备分别设置密钥，部署起来比较麻烦，因此不适合安全等级要求较高的无线局域网。

7.6.2　WPA 和 WPA2 加密标准

IEEE 802.11i 定义了无线局域网核心安全标准，提供了强大的加密、认证和密钥管理措施。IEEE 802.11i 标准包括两个增强型加密协议：WPA 和 WPA2，用于对 WEP 中的已知问题进行弥补。

WPA（Wi-Fi Protected Access，Wi-Fi 网络安全存取）是 Wi-Fi 联盟制定的安全解决方案，能够解决已知的 WEP 脆弱性问题，并且能够对已知的无线局域网攻击提供防护。WPA 使用基于 RC4 算法的 TKIP（Temporal Key Integrity Protocol，临时密钥完整性协议）进行加密，并且使用 WPA-PSK（WPA Pre-Shared Key，WPA 预共享密钥）和 IEEE 802.1x/EAP（Extensible Authentication Protocol，可扩展认证协议）进行认证。WPA-PSK 认证是通过检查无线客户端和 AP 是否拥有同一个密码或密码短语实现的，如果客户端的密码和 AP 的密码相同，客户端就会得到认证。

WPA2 是 WPA 加密标准的升级版，支持 AES（Advanced Encryption Standard，高级加密

标准）和 CCMP（Counter CBC-MAC Protocol，计数器模式密码块链消息完整码协议），安全性更高，也支持 WPA2-PSK 和 IEEE 802.1x/EAP 的认证方式。

WPA 和 WPA2 有两种工作模式，以满足不同类型的市场需求。

（1）个人模式：个人模式可以通过 PSK 认证无线产品，需要手动将预共享密钥配置在 AP 和无线客户端上，无须使用认证服务器。该模式适用于 SOHO 环境。

（2）企业模式：企业模式可以通过 PSK 和 IEEE 802.1x/EAP 认证无线产品。在使用 IEEE 802.1x 模式进行认证、密钥管理和集中管理用户证书时，需要添加使用 RADIUS 协议的 AAA 服务器。该模式适用于企业环境。

7.7 本章实训

就无线局域网本身而言，其组建过程是非常简单的。当一块无线网卡与无线 AP（或是另一块无线网卡）建立连接并实现数据传输时，一个无线局域网便完成了组建过程。然而，考虑到实际应用时，数据共享并不是无线局域网的唯一用途，大部分用户更希望组建一个能够接入 Internet 并实现网络资源共享的无线局域网，此时，Internet 的连接方式及无线局域网的配置在组网过程中显得尤为重要。

家庭无线局域网的组建，最简单的莫过于两台安装无线网卡的计算机进行无线互联，其中一台计算机还可接入 Internet。此时，可组建一个基于 Ad-Hoc 模式的无线局域网，总花费为几百元（视无线网卡品牌及型号而定），其缺点主要有使用范围小、信号差、功能少、使用不方便等。

使用更为普遍的还是基于 Infrastructure 模式的无线局域网，其信号覆盖范围较大，功能更多、性能更加稳定和可靠。

7.7.1 实训 1：组建 Ad-Hoc 模式无线对等网络

1. 实训目标

（1）熟悉无线网卡的安装。

（2）组建 Ad-Hoc 模式无线对等网络，熟悉无线对等网络的安装配置过程。

2. 完成实训所需的设备和软件

（1）安装 Windows 7 操作系统的计算机 2 台（PC1、PC2）。

（2）无线网卡 2 块（USB 接口，TP-LINK TL-WN821N）。

3．网络拓扑结构

为了完成本次实训，搭建如图 7-12 所示的网络拓扑结构。

图 7-12　Ad-Hoc 模式无线对等网络的拓扑结构

4．实施步骤

（1）安装无线网卡及其驱动程序。

步骤 1：安装无线网卡硬件。把 USB 接口的无线网卡插入 PC1 的 USB 接口中。

步骤 2：安装无线网卡驱动程序。安装好无线网卡硬件后，Windows 7 操作系统会自动识别到新硬件，提示开始安装驱动程序。安装无线网卡驱动程序的方法和安装有线网卡驱动程序的方法类似，这里不再赘述。

步骤 3：无线网卡安装成功后，在桌面任务栏上会出现无线网络连接图标▫▫ 。

（2）配置 PC1 的无线网络。

步骤 1：设置 PC1 无线网卡的 IP 地址为 192.168.0.1，子网掩码为 255.255.255.0。

步骤 2：单击桌面任务栏中的无线网络连接图标▫▫ ，在打开的列表中选择"打开网络和共享中心"，打开"网络和共享中心"窗口。

步骤 3：单击"更改网络设置"栏中的"设置新的连接或网络"，打开"设置连接或网络"对话框，向下滚动窗口，选择"设置无线临时（计算机到计算机）网络"选项。

步骤 4：单击"下一步"按钮，打开"设置无线临时网络"界面。

步骤 5：单击"下一步"按钮，打开"为您的网络命名并选择安全选项"界面，如图 7-13 所示，设置"网络名"为"test"，"安全类型"为"WPA2 - 个人"，"安全密钥"为"12345678"。

步骤 6：单击"下一步"按钮，稍等片刻，出现"test 网络已经可以使用"界面，单击"关闭"按钮。

步骤 7：单击桌面任务栏中的无线网络连接图标▫▫ ，在打开的列表中出现了"test"无线连接，如图 7-14 所示。

（3）配置 PC2 的无线网络。

步骤 1：在 PC2 中安装无线网卡，并安装该无线网卡的驱动程序。

步骤 2：设置无线网卡的 IP 地址为 192.168.0.2，子网掩码为 255.255.255.0。

步骤 3：单击桌面任务栏中的无线网络连接图标▫▫ ，在打开的列表中选择"test"无线连接。

步骤 4：单击"连接"按钮，打开"连接到网络"对话框，如图 7-15 所示。

步骤 5：在"安全密钥"文本框中输入密钥"12345678"，单击"确定"按钮。

步骤 6：稍候片刻，等待建立"test"无线连接，再单击桌面任务栏中的无线网络连接图标▫▫ ，在打开的列表中出现了"test 已连接"的信息，如图 7-16 所示。

图 7-13 "为您的网络命名并选择安全选项"界面

图 7-14 "test"无线连接

图 7-16 "test"已连接

图 7-15 "连接到网络"对话框

（4）测试网络联通性。

步骤 1：测试与 PC2 的联通性。在 PC1 中，运行"ping 192.168.0.2"命令，如图 7-17 所示，表明与 PC2 联通性良好。

```
管理员: C:\Windows\system32\cmd.exe

Microsoft Windows [版本 6.1.7601]
版权所有 <c> 2009 Microsoft Corporation。保留所有权利。

C:\Users\Administrator>ping 192.168.0.2

正在 Ping 192.168.0.2 具有 32 字节的数据:
来自 192.168.0.2 的回复: 字节=32 时间=3ms TTL=64
来自 192.168.0.2 的回复: 字节=32 时间=1ms TTL=64
来自 192.168.0.2 的回复: 字节=32 时间=1ms TTL=64
来自 192.168.0.2 的回复: 字节=32 时间=4ms TTL=64

192.168.0.2 的 Ping 统计信息:
    数据包: 已发送 = 4，已接收 = 4，丢失 = 0 <0% 丢失>，
往返行程的估计时间<以毫秒为单位>:
    最短 = 1ms，最长 = 4ms，平均 = 2ms

C:\Users\Administrator>
```

图 7-17 测试与 PC2 的联通性

步骤 2：测试与 PC1 的联通性。在 PC2 中，运行"ping 192.168.0.1"命令，测试与 PC1 的联通性。

至此，无线对等网络设置已完成。

说　明

（1）PC2 中的安全密钥必须与 PC1 的相同。

（2）如果无线网络连接不通，可以尝试关闭防火墙。

（3）如果 PC1 已有线接入互联网，PC2 想通过 PC1 无线共享上网，则需要设置 PC2 无线网卡的"默认网关"和"首选 DNS 服务器"为 PC1 无线网卡的 IP 地址（192.168.0.1），并设置 PC1 中已接入互联网的有线网卡为"允许其他网络用户通过此计算机的 Internet 连接来连接"。

7.7.2　实训 2：组建 Infrastructure 模式无线局域网

1．实训目标

（1）熟悉无线路由器的设置方法，组建以无线路由器为中心的无线局域网。

（2）熟悉以无线路由器为中心的无线局域网客户端的设置方法。

2．完成实训所需的设备和软件

（1）安装 Windows 7 操作系统的计算机 3 台（PC1、PC2、PC3）。

（2）无线路由器 1 个（TP-LINK TL-WR842N）。

（3）无线网卡 3 块（USB 接口，TP-LINK TL-WN821N），直通线 2 根。

3．网络拓扑结构

为了完成本次实训任务，搭建如图 7-18 所示的网络拓扑结构。

图 7-18　Infrastructure 模式无线局域网拓扑结构

4．实施步骤

（1）配置无线路由器。

步骤 1：将连接外网（如 Internet）的直通线接入无线路由器的 WAN 端口，将另一根直通线的一端接入无线路由器的 LAN 端口，另一端口接入 PC1 的有线网卡端口。

步骤 2：设置 PC1 有线网卡的 IP 地址为 192.168.1.10，子网掩码为 255.255.255.0，默认网关为 192.168.1.1。

步骤 3：在 IE 地址栏中输入"192.168.1.1"，打开无线路由器登录界面，在"用户名"文本框中输入"admin"，在"密码"文本框中输入"admin"，如图 7-19 所示，单击"确定"按钮后，进入设置界面。

图 7-19 无线路由器登录界面

📖 **说 明** 无线路由器的 LAN 端口地址一般为 192.168.1.1，用户名和密码均为 admin，可查阅无线路由器说明书。

步骤 4：进入设置界面以后，通常会弹出一个"设置向导"对话框，如图 7-20 所示，"设置向导"可设置上网所需的基本网络参数。有一定经验的用户可自己详细设置某项功能或参数，这里不再赘述。

图 7-20 "设置向导"对话框

步骤 5：在设置界面中，单击左侧向导菜单中的"网络参数"→"LAN 口设置"，在右侧对话框中可设置 LAN 口的 IP 地址，一般默认为 192.168.1.1，如图 7-21 所示。

步骤 6：单击左侧向导菜单中的"网络参数"→"WAN 口设置"，在右侧对话框中可设置 WAN 口的连接类型，如图 7-22 所示。

对于家庭用户，一般通过光纤虚拟拨号接入互联网，应选择"PPPoE"连接类型，再输入服务商提供的"上网账号[①]"和"上网口令"（密码），单击"保存"按钮。

---

① 本书软件截图中"帐号""帐户"的正确写法应为"账号""账户"。

图 7-21 LAN 口设置

图 7-22 WAN 口设置

对于通过局域网接入互联网的用户，应选择"动态 IP"或"静态 IP"（需设置静态 IP 地址、子网掩码、网关等参数）连接类型。

步骤 7：单击左侧向导菜单中的"DHCP 服务器"→"DHCP 服务"，选中"启用"单选按钮，设置 IP"地址池开始地址"为"192.168.1.100"，"地址池结束地址"为"192.168.1.199"，

"网关"为"192.168.1.1"。还可设置"主 DNS 服务器"和"备用 DNS 服务器"的 IP 地址（如中国电信的 DNS 服务器为 60.191.134.196 或 60.191.134.206），如图 7-23 所示。单击"保存"按钮。

图 7-23　"DHCP 服务"设置

注 意　是否需要设置 DNS 服务器应向互联网服务提供商（ISP）咨询，有时 DNS 服务器不需要自行设置。

步骤 8：单击左侧向导菜单中的"无线设置"→"基本设置"，设置无线局域网的"SSID 号"为"tzkjy"，"信道"为"自动"，"模式"为"11bgn mixed"，"频段带宽"为"自动"，选中"开启无线功能"和"开启 SSID 广播"复选框，如图 7-24 所示。单击"保存"按钮。

图 7-24　无线基本设置

步骤 9：单击左侧向导菜单中的"无线设置"→"无线安全设置"，选中"WPA-PSK/WPA2-PSK"单选按钮，设置"认证类型"为"WPA2-PSK"，"加密算法"为"AES"，"PSK密码"为"84082890"，如图 7-25 所示。单击"保存"按钮。

图 7-25　无线安全设置

注　意　WEP 加密经常在老的无线网卡上使用，新的 IEEE 802.11n 标准不支持 WEP加密方式。所以，如果选择了 WEP 加密方式，无线路由器可能工作在较低的传输速率上。建议使用 WPA2-PSK 等级的 AES 加密。

步骤 10：单击左侧向导菜单中的"运行状态"，可查看无线路由器的当前状态（包括"版本信息"、"LAN 口状态"、"无线状态"、"WAN 口状态"和"WAN 口流量统计"等状态信息），如图 7-26 所示。

步骤 11：无线路由器的设置基本完成，重新启动无线路由器，使以上设置生效。然后拔除 PC1 到无线路由器之间的直通线。

下面配置 PC1、PC2、PC3 的无线网络。

（2）配置 PC1 的无线网络。

在 Windows 7 操作系统的计算机中能够自动搜索到当前可用的无线网络，通常情况下，单击 Windows 7 操作系统右下角的无线连接图标，在打开的无线网络列表中单击"tzkjy"，展开该连接，然后单击该连接下的"连接"按钮，如图 7-27 所示，然后按要求输入密钥即可。但对于隐藏的无线连接可采用如下设置。

步骤 1：在 PC1 上安装无线网卡和相应的驱动程序后，设置该无线网卡自动获得 IP 地址。

步骤 2：单击 Windows 7 操作系统桌面右下角的无线连接图标，在打开的列表中单击"打开网络和共享中心"，打开"网络和共享中心"窗口。

图 7-26　运行状态

图 7-27　无线网络列表

步骤 3：单击"设置新的连接或网络"，打开"设置连接或网络"对话框，选择"手动连接到无线网络"选项。

步骤 4：单击"下一步"按钮，打开"手动连接到无线网络"对话框，如图 7-28 所示，设置"网络名"为"tzkjy"，"安全类型"为"WPA2 - 个人"，"加密类型"为"AES"，"安全密钥"为"84082890"，选中"自动启动此连接"和"即使网络未进行广播也连接"复选框。

图 7-28　"手动连接到无线网络"对话框

说明　网络名（SSID）和安全密钥的设置必须与无线路由器中的设置一致。

步骤 5：单击"下一步"按钮，出现"成功地添加了 tzkjy"界面，如图 7-29 所示。

图 7-29　"成功地添加了 tzkjy"界面

步骤 6：单击"关闭"按钮，稍后桌面任务栏上的无线网络连接图标由 变为 ，表示该计算机已接入无线网络。

如果选择图 7-29 中"更改连接设置"选项，会打开"tzkjy 无线网络属性"对话框，在"连接"和"安全"选项卡中可查看或修改有关参数，如图 7-30 所示。

（3）配置 PC2、PC3 的无线网络。

步骤 1：在 PC2 上重复上述步骤 1～步骤 6，完成 PC2 无线网络的设置。

步骤 2：在 PC3 上重复上述步骤 1～步骤 6，完成 PC3 无线网络的设置。

图 7-30　"tzkjy 无线网络属性"对话框

（4）测试网络联通性。

步骤 1：在 PC1、PC2 和 PC3 上运行 ipconfig 命令，查看并记录 PC1、PC2 和 PC3 无线网卡的 IP 地址。

PC1 无线网卡的 IP 地址：＿＿＿＿＿＿＿＿＿＿＿＿＿＿＿。

PC2 无线网卡的 IP 地址：＿＿＿＿＿＿＿＿＿＿＿＿＿＿＿。

PC3 无线网卡的 IP 地址：＿＿＿＿＿＿＿＿＿＿＿＿＿＿＿。

步骤 2：在 PC1 上依次运行"ping　PC2 无线网卡的 IP 地址"和"ping　PC3 无线网卡的 IP 地址"命令，测试与 PC2 和 PC3 的联通性。

步骤 3：在 PC2 上依次运行"ping　PC1 无线网卡的 IP 地址"和"ping　PC3 无线网卡的 IP 地址"命令，测试与 PC1 和 PC3 的联通性。

步骤 4：在 PC3 上依次运行"ping　PC1 无线网卡的 IP 地址"和"ping　PC2 无线网卡的 IP 地址"命令，测试与 PC1 和 PC2 的联通性。

7.8　本章习题

一、选择题

1．IEEE 802.11 标准定义了＿＿＿＿＿＿＿。

    A．无线局域网技术规范　　　　　　　　B．电缆调制解调器技术规范

    C．光纤局域网技术规范　　　　　　　　D．宽带网络技术规范

2．IEEE 802.11b 标准定义了使用跳频扩频技术的无线局域网标准，传输速率为 1Mbps、2Mbps、5.5Mbps 与＿＿＿＿＿＿＿。

    A．10Mbps　　　　　　B．11Mbps　　　　　　C．20Mbps　　　　　　D．54Mbps

3．下面关于 Ad-Hoc 模式的描述中，错误的是＿＿＿＿＿＿＿。

    A．没有固定的路由器　　　　　　　　　B．需要基站

    C．具有动态搜索能力　　　　　　　　　D．适用于紧急救援等场合

4. IEEE 802.11 标准和蓝牙技术可以共同使用的无线信道频点是_____。

    A．800MHz   B．2.4GHz

    C．5GHz   D．10GHz

5. 下面关于无线局域网的描述中，错误的是_____。

    A．采用无线电波作为传输介质

    B．可以作为传统局域网的补充

    C．可以支持 10Gbps 的传输速率

    D．协议标准是 IEEE 802.11

6. 无线局域网中使用的 SSID 是_____。

    A．无线局域网的设备名称

    B．无线局域网的标识符号

    C．无线局域网的入网口令

    D．无线局域网的加密符号

二、填空题

1. 在无线局域网中，_____是最早发布的基本标准，_____和_____的传输速率都达到了 54Mbps，_____和_____是工作在免费的 2.4GHz 频段上的。

2. _____标准可以将无线局域网的传输速率由 IEEE 802.11a 标准及 IEEE 802.11g 标准提供的 54Mbps，提高到_____Mbps，甚至高达 600Mbps。

3. _____标准是在 IEEE 802.11a 标准之上建立起来的，使用_____GHz 频段，最终理论传输速率将由 IEEE 802.11n 标准最高的 600Mbps 跃升至_____Gbps，足以在一条信道上同时传输多路压缩视频流。

4. _____标准主要用于实现家庭内部无线高清音/视频信号的传输，使用高频载波的_____频谱，最大传输速率可达_____Gbps。

5. 在无线局域网中，除 IEEE 802.11x 系列标准外，还有_____和_____等几种无线局域网技术。

6. _____技术主要应用于手机、笔记本电脑等数字终端设备之间的通信和这些设备与 Internet 的连接，其最高数据传输速率为_____Mbps，最大传输距离为_____m。

7. 无线局域网的组网模式有_____和_____。

三、简答题

1. 无线局域网的物理层有哪些标准？

2. 常用的无线局域网接入设备有哪些？它们分别有什么功能？

3. 无线局域网的网络结构有哪几种？

4. 在无线局域网和有线局域网连接中，无线 AP 和交换机采用何种连接方式以及提供了什么样的功能？

四、实践操作题

假如您家原有一台台式机通过 Modem 拨号上网（Modem 不带路由功能），现又拥有一台笔记本电脑，打算在每个房间都能方便地使用该笔记本电脑上网，如何做才能达到上述要求？

（1）需要添加一些硬件设备，如无线网卡、_____（假设其 IP 地址为 192.168.1.1）。

（2）局域网的拓扑结构为_____。

（3）在表 7-2 中填写每台计算机的 IP 地址、子网掩码、网关和工作组。

表 7-2　参数设置

计算机	IP 地址	子网掩码	网关	工作组
台式机				
笔记本电脑				

根据表 7-2，将合适的 IP 地址填入下面的空格中。

（4）测试本机 TCP/IP 协议的安装是否正确。

ping _____

（5）测试台式机与无线路由器之间是否联通。

ping _____

（6）测试与笔记本电脑是否联通。

ping _____

（7）如何设置可提高无线局域网的安全性？

第 8 章

互联网接入技术

学习目标

（1）了解常见的互联网接入技术。
（2）理解代理服务器和网络地址转换的工作过程。
（3）掌握局域网通过宽带路由器接入 Internet 的设置方法。
（4）掌握局域网通过 ICS 服务器接入 Internet 的设置方法。

8.1 常见的互联网接入技术

互联网接入技术的研究内容是如何将远程计算机或计算机网络以合适的性能价格比接入互联网。由于网络接入通常需要借助某些广域网完成，所以在接入之前必须认真考虑接入效率、接入费用等诸多问题。

接入互联网的技术有很多种，但必须借助 ISP（Internet Service Provider，互联网服务提供商）将自己的计算机接入互联网。常见的互联网接入技术有公用电话交换网（PSTN）拨号接入、非对称数字线路（ADSL）接入、混合光纤/同轴电缆（HFC）接入、光纤接入、通过代理服务器接入等。

其他互联网接入方式还有专线接入、无线上网接入、电力线上网接入等。

8.1.1 PSTN 拨号接入

PSTN 拨号接入技术是利用 PSTN 通过调制解调器拨号实现用户接入的技术。电话网传输的是模拟信号（音频信号），计算机传输的是数字信号，计算机通过电话网接入互联网需要通过调制解调器（Modem）。一根电话线只能支持一个用户接入，电话线的传输效率比较低，理论上只能提供 33.6kbps 的上行速率和 56kbps 的下行速率。

调制解调器的功能是将数字信号与模拟信号相互转换。

调制：将数字信号转换为模拟信号。

解调：将模拟信号转换为数字信号。

8.1.2　ADSL 接入

ADSL 是在普通电话线上传输高速数字信号的技术。利用 ADSL 调制解调器，数据传输可分为上行和下行两个通道，上行速率为 640kbps～1Mbps，下行速率为 1Mbps～8Mbps。由此可知，下行通道的数据传输速率远远大于上行通道的数据传输速率（非对称）。

与普通调制解调器相比，ADSL 的速度优势非常明显。另外，用普通调制解调器上网还要支付高昂的电话费。而使用 ADSL 上网，数据信号并不通过电话交换机设备，减轻了电话交换机的负载，使用 ADSL 上网不需要另外缴付电话费，而且 ADSL 一般采用包月的方式，对经常上网的人来说更划算。

（1）ADSL 的优点。ADSL 是在一根电话线上同时提供电话和高速数据服务，电话与数据服务互不影响。ADSL 提供高速数据通信能力，为交互式多媒体应用提供了载体。ADSL 的速率远远高于普通拨号上网。

（2）ADSL 的接入方式。ADSL 的接入方式主要有虚拟拨号和专线两种方式。虚拟拨号并非真正的电话拨号，而是用户在计算机上运行一个专用客户端软件，当通过身份验证时，获得一个动态的 IP 地址，即可联通网络，也可以随时断开与网络的连接，费用也与电话服务无关。专线方式是指为用户分配一个固定的 IP 地址，无须拨号即可将用户局域网接入互联网，24 小时在线。

（3）连接结构图。虚拟拨号用户与专线用户的物理连接结构是一样的，如图 8-1 所示。二者的不同之处在于：虚拟拨号用户每次上网前需要通过账号和密码的验证；专线用户则只需要一次设置好 IP 地址、子网掩码、DNS 与网关后，即可一直在线。

图 8-1　ADSL 连接结构图

按照上行和下行的速率是否相同，xDSL 技术可分为对称型和非对称型。对称型包括 HDSL（High-speed DSL，高速率数字用户线路）、SDSL（Symmetric DSL，对称数字用户线路）、IDSL（ISDN DSL，基于 ISDN 的数字用户线路）等；非对称型包括 ADSL、VDSL（Very-high-bit-rate DSL，甚高速数字用户线路）、RADSL（Rate Adaptive DSL，速率自适应数字用户线路）等。

8.1.3　HFC 接入

HFC（Hybrid Fiber-Coaxial，混合光纤/同轴电缆）网不仅可以提供原来的有线电视业务，还可以提供语音、数据及其他交互型业务。在城市有线电视光缆和同轴电缆混合网上，可以使用 Cable Modem 进行数据传输构成宽带接入网。HFC 采用非对称数据传输速率，上行速率为 10Mbps 左右，下行速率为 10Mbps～40Mbps。

8.1.4　光纤接入

光纤接入技术就是在接入网中全部或部分采用光纤传输介质，构成光纤用户环路，实现用户高性能宽带接入的一种方案。光纤接入技术可为用户提供 10Mbps 以上的共享带宽，并且可以根据用户的需求升级到 100Mbps 以上。光纤接入技术成熟、成本低、结构简单、稳定性和扩充性好，便于网络升级，满足不同层次的人们对信息化的需求。

光纤接入网的接入方式可分为以下几种。

（1）光纤到路边（Fiber To The Curb，FTTC）。

（2）光纤到大楼（Fiber To The Building，FTTB）。

（3）光纤到办公室（Fiber To The Office，FTTO）。

（4）光纤到楼层（Fiber To The Floor，FTTF）。

（5）光纤到小区（Fiber To The Zone，FTTZ）。

（6）光纤到户（Fiber To The Home，FTTH）。

8.1.5　通过代理服务器接入

当用户接入 ISP 的接入线路只有一条，而用户端有多台计算机需要对互联网进行访问时，通常可以使用代理服务器。代理服务器的英文全称是 Proxy Server，其功能就是代理网络用户取得网络信息。所以，代理服务器是网络信息的中转站。

代理服务器是一台配备了两块以太网网卡的服务器，其中一块网卡接入互联网，另一块网卡一般和内部局域网互联，使用代理软件进行代理业务处理。

连接 ISP 的网卡要设置 ISP 提供的公用网络 IP 地址，用来在互联网上进行路由。而连接内部局域网的网卡要设置私有 IP 地址，这些私有 IP 地址主要用于实现内部网络的通信，不能在互联网上进行路由。

从图 8-2 可以看出，当局域网中的计算机需要访问外部网络时，该计算机的访问请求被代理服务器截获，代理服务器通过查找本地的缓存（Cache），如果请求的数据（如 WWW 页面）在缓存中可以查找到，则把该数据直接传给局域网中发出请求的计算机；否则，代理服务器访问外部网络，获得相应的数据，并将这些数据存入缓存中，同时将该数据发送到发出请求的计算机。代理服务器缓存中的数据会随着内部网络计算机对互联网的访问而不断更新。一般在代理服务器上安装运行代理软件实现内部网络的计算机对外部网络访问时的处理过程，常用的代理服务器软件有 Sygate、Wingate、CCProxy 等。

图 8-2　代理服务器的工作过程

8.2 网络地址转换

网络地址转换（Network Address Translation，NAT）属于接入广域网技术，是一种将私有（保留）地址转换成公用 IP 地址的转换技术，被广泛应用于各种类型的互联网接入方式和各种类型的网络中。这是因为 NAT 不仅完美地解决了 IP 地址不足的问题，还能够有效地避免来自外部网络的攻击，隐藏并保护网络内部的计算机。

虽然 NAT 可以借助某些代理服务器实现，但考虑到运算成本和网络性能，有时是在路由器或防火墙上实现的。

NAT 的工作过程主要有以下 4 个步骤。

（1）客户机将数据包发送到运行 NAT 的计算机。

（2）NAT 将数据包中的端口号和私有 IP 地址转换成它自己的端口号和公用 IP 地址，然后将数据包发送给外部网络的目的主机，同时在映像表中记录一个跟踪信息，以便向客户机回送应答信息。

（3）外部网络将应答信息发送到 NAT。

（4）NAT 将所收到的数据包的端口号和公用 IP 地址转换为客户机的端口号和内部网络使用的私有 IP 地址，并转发给客户机。

以上步骤对网络内部的客户机和网络外部的主机都是透明的，对它们来说，就如同直接通信一样，如图 8-3 所示。

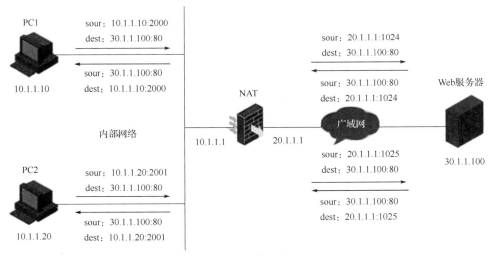

图 8-3 NAT 的工作过程

下面以具体案例进行阐述。

（1）IP 地址为 10.1.1.10 的 PC1 用户使用 Web 浏览器连接到 IP 地址为 30.1.1.100 的 Web 服务器，则 PC1 将创建带有下列信息的 IP 数据包。

● 目的 IP 地址：30.1.1.100。

● 源 IP 地址：10.1.1.10。

● 目的端口号：TCP 端口 80。

- 源端口号：TCP 端口 2000。

（2）IP 数据包转发到运行 NAT 的计算机（或路由器、防火墙）上，它将传出的数据包地址转换成下面的形式，用自己的 IP 地址重新打包后转发。

- 目的 IP 地址：30.1.1.100。
- 源 IP 地址：20.1.1.1。
- 目的端口号：TCP 端口 80。
- 源端口号：TCP 端口 1024。

（3）同时，NAT 协议在映像表中记录了{10.1.1.10 TCP 2000}到{20.1.1.1 TCP 1024}的映射，以便回传。

（4）转发的 IP 数据包通过广域网（Internet）发送到 Web 服务器。Web 服务器的响应信息发回 NAT 计算机（或路由器、防火墙）。此时，NAT 计算机（或路由器、防火墙）接收到的数据包包含下面的公用 IP 地址信息。

- 目的 IP 地址：20.1.1.1。
- 源 IP 地址：30.1.1.100。
- 目的端口号：TCP 端口 1024。
- 源端口号：TCP 端口 80。

（5）NAT 协议检查转换表，将公用 IP 地址 20.1.1.1 映射到私有 IP 地址 10.1.1.10，将 TCP 端口号 1024 映射到 TCP 端口号 2000，然后将数据包转发给 IP 地址为 10.1.1.10 的 PC1。映射转换后的数据包包含以下信息。

- 目的 IP 地址：10.1.1.10。
- 源 IP 地址：30.1.1.100。
- 目的端口号：TCP 端口 2000。
- 源端口号：TCP 端口 80。

请读者自己分析 PC2 访问 Web 服务器的过程中 NAT 的工作过程。

📖 说 明　对于向外发出的数据包，NAT 将源私有 IP 地址和源 TCP/UDP 端口号转换成一个 ISP 分配的公有源 IP 地址和可能改变的端口号；对于流入内部网络的数据包，NAT 将目的 IP 地址和 TCP/UCP 端口转换成私有 IP 地址和最初的 TCP/UDP 端口号。

8.3　ICS 服务

ICS（Internet Connection Share，Internet 连接共享）是 Windows 7/XP 操作系统为家庭网络或小型办公网络接入 Internet 提供的一种 Internet 连接共享服务。ICS 允许网络中有一台计算机通过接入设备接入 Internet，通过启用这台计算机上的 ICS 服务，网络中的其他计算机就可以通过共享这个连接来访问 Internet 上的资源。

ICS 实际上相当于一种网络地址转换器。有了网络地址转换器，家庭网络或小型办公网络中的计算机就可以使用私有 IP 地址，并且通过网络地址转换器将私有 IP 地址转换成 ISP 分配的公用 IP 地址，从而实现对 Internet 的访问。ICS 使用私有网络 192.168.137.0，子网掩码为 255.255.255.0。

8.4　本章实训

8.4.1　实训 1：局域网通过宽带路由器接入 Internet

1．实训目标

掌握通过宽带路由器共享上网的方法。

2．完成实训所需的设备和软件

（1）安装 Windows 7 操作系统的计算机 2 台（PC1、PC2）。

（2）宽带路由器 1 个，光 Modem 1 台。

（3）直通线 3 根。

3．网络拓扑结构

为了完成本次实训，搭建如图 8-4 所示的网络拓扑结构。

图 8-4　局域网通过宽带路由器接入 Internet

4．实施步骤

（1）硬件连接。

步骤 1：如图 8-4 所示，将连接 Internet 的光纤连接到光 Modem 的光纤端口，用直通线将光 Modem 的 Ethernet 端口与宽带路由器的 WAN 端口相连。

步骤 2：用两根直通线将 PC1、PC2 连接到宽带路由器的 LAN 端口（4 个中的任意 2 个）。

步骤 3：打开光 Modem 和宽带路由器的电源，如果光 Modem 上的 LAN-Link 指示灯亮，则表明光 Modem 与宽带路由器连接成功；如果宽带路由器相应的 LAN 端口指示灯亮，则表明计算机与宽带路由器连接成功。

（2）配置 TCP/IP 协议。

多数宽带路由器的默认 IP 地址为 192.168.1.1，可以在设备说明书中查到。计算机与宽带路由器要设置在同一网段中，否则将无法通信。

将 PC1 的 IP 地址设置为 192.168.1.10，子网掩码为 255.255.255.0。

（3）配置宽带路由器。

步骤 1：在 PC1 的 IE 地址栏中输入"192.168.1.1"，打开宽带路由器登录界面，在"用户名"文本框中输入"admin"，在"密码"文本框中输入"admin"，单击"确定"按钮后进入设置界面。

步骤 2：宽带路由器一般都有设置向导，如图 8-5 和图 8-6 所示。选中"ADSL 虚拟拨号（PPPoE）"单选按钮后，即可根据向导进入下一步设置，输入已申请的上网账号和口令。

图 8-5　3 种常用的上网方式

图 8-6　上网账号与口令

步骤 3：根据需要还可启用 DHCP 服务功能。设置 IP"地址池开始地址"为"192.168.1.100"，"地址池结束地址"为"192.168.1.199"，"网关"为"192.168.1.1"，"主 DNS 服务器"为"60.191.134.196"，"备用 DNS 服务器"为"60.191.134.206"，如图 8-7 所示。

图 8-7　"DHCP 服务"设置

步骤 4：保存以上设置后，重启宽带路由器，上述设置才生效。

（4）设置局域网中各计算机的 IP 地址。

步骤 1：如果宽带路由器已启用 DHCP 服务，则将所有客户机（如 PC1、PC2）的 IP 地址设置为"自动获得 IP 地址"，如图 8-8 所示。

步骤 2：如果宽带路由器没有启用 DHCP 服务，则将所有客户机（如 PC1、PC2）的 IP 地址设置为"使用下面的 IP 地址"，设置 IP 地址为 192.168.1.2～192.168.1.254 中的任意一个，子网掩码为 255.255.255.0，默认网关为 192.168.1.1。需要注意的是，各客户机的 IP 地址要互不相同。

此外，还要设置当地 ISP 服务商提供的首选 DNS 服务器的 IP 地址和备用 DNS 服务器的 IP 地址。例如，中国电信首选 DNS 服务器地址为 60.191.134.196，备用 DNS 服务器地址为 60.191.134.206，如图 8-9 所示。

图 8-8　自动获得 IP 地址　　　　　　　　图 8-9　指定 IP 地址

（5）测试客户机是否可以访问 Internet。

在 PC1 或 PC2 上，用 ping 命令或访问网页的方式测试客户机是否可以访问 Internet。

注意　由于宽带路由器的 LAN 端口只有 4 个，当客户机数量超过 4 台时，可以将客户机先连接到交换机或集线器上，再将交换机或集线器连接到宽带路由器的 LAN 端口上。

8.4.2　实训 2：局域网通过 ICS 服务器接入 Internet

1．实训目标

（1）了解 ICS 服务器连接技术。

（2）掌握 ICS 服务器的使用方法。

2．完成实训所需的设备和软件

（1）安装 Windows 7 操作系统的计算机 4 台（PC1、PC2、PC3、PC4），其中 1 台安装双网卡作为 ICS 服务器（网卡 1 连接外网，网卡 2 连接内网）。

（2）交换机 1 台，光 Modem 1 台。

（3）直通线 5 根。

3．网络拓扑结构

为了完成本次实训，搭建如图 8-10 所示的网络拓扑结构。

图 8-10　局域网通过 ICS 服务器接入 Internet

4．实施步骤

（1）硬件连接。

步骤 1：如图 8-10 所示，用直通线将 PC1、PC2、PC3 和 ICS 服务器的网卡 2（连接内网）连接到交换机上。

步骤 2：将连接 Internet 的光纤连接到光 Modem 的光纤端口，用直通线连接光 Modem 的 Ethernet 端口和 ICS 服务器的网卡 1（连接外网）。

步骤 3：打开光 Modem 和交换机的电源。如果光 Modem 上的 LAN-Link 指示灯亮，则表明光 Modem 与 ICS 服务器连接成功；如果交换机相应的 LAN 端口指示灯亮，则表明计算机和 ICS 服务器与交换机连接成功。

（2）ICS 服务器的配置。

步骤 1：将 ICS 服务器的两块网卡的 IP 地址都配置为"自动获得 IP 地址"。

步骤 2：单击桌面任务栏中的网络连接图标，在打开的列表中选择"打开网络和共享中心"，再打开"网络和共享中心"窗口。

步骤 3：单击"更改网络设置"栏中的"设置新的连接或网络"，打开"设置连接或网络"对话框，选择"连接到 Internet"选项。

步骤 4：单击"下一步"按钮，打开"您想如何连接"界面。

步骤 5：选择"宽带（PPPoE）"选项，打开"键入您的 Internet 服务提供商（ISP）提供的信息"界面，如图 8-11 所示，在"用户名"文本框中输入"tz84259207"，在"密码"文本框中输入"123456"，选中"记住此密码"复选框。

图 8-11　"键入您的 Internet 服务提供商（ISP）提供的信息"界面

步骤 6：单击"连接"按钮，稍候片刻，显示"您已连接到 Internet"，单击"关闭"按钮。

步骤 7：单击桌面任务栏中的网络连接图标，在打开的列表中右击已连接的"宽带连接"，在弹出的快捷菜单中选择"断开"命令，断开 Internet 连接。

步骤 8：右击虚拟拨号连接图标（"宽带连接"），在快捷菜单中选择"属性"命令，打开"宽带连接 属性"对话框，如图 8-12 所示。

步骤 9：在"共享"选项卡中，选中"允许其他网络用户通过此计算机的 Internet 连接来连接"和"一旦网络上的计算机尝试访问 Internet 则建立一个拨号连接"复选框，并选择"家庭网络连接"为"本地连接 2"（网卡 2，连接内网）。

步骤 10：单击"确定"按钮，完成虚拟拨号属性设置后，ICS 服务器连接局域网的网卡 2 的"IP 地址"被自动配置为"192.168.137.1"，"子网掩码"为"255.255.255.0"，如图 8-13 所示。

图 8-12　"宽带连接 属性"对话框　　　图 8-13　"Internet 协议版本 4（TCP/IPv4）属性"对话框

步骤 11：以后想再次上网时，单击桌面任务栏中的网络连接图标，在打开的列表中选择"宽带连接"选项，如图 8-14 所示。

步骤 12：单击"连接"按钮，打开"连接 宽带连接"对话框，如图 8-15 所示，再单击"连接"按钮，稍候片刻即可开始上网。

图 8-14　选择"宽带连接"选项

图 8-15　"连接 宽带连接"对话框

步骤 13：用 ping 命令或访问网页的方式测试 ICS 服务器是否可以访问 Internet。

（3）客户端的配置。

配置 ICS 服务器后，ICS 要求局域网中其他计算机的 IP 地址必须处于 192.168.137.0/24 网段。

步骤 1：设置 PC1 的 IP 地址为 192.168.137.2，PC2 的 IP 地址为 192.168.137.3，PC3 的 IP 地址为 192.168.137.4。PC1、PC2、PC3 的子网掩码均为 255.255.255.0，默认网关均为 192.168.137.1，首选 DNS 服务器均为 60.191.134.196。图 8-16 所示为 PC1 的 IP 地址设置。

图 8-16　PC1 的 IP 地址设置

说　明　192.168.137.1 是客户端不可以用的 IP 地址，因为客户端的网关需要配置为此 IP 地址，DNS 服务器配置为 ISP 所提供的 DNS 地址，如 60.191.134.196。

步骤 2：在 PC1、PC2 或 PC3 上，用 ping 命令或访问网页的方式测试客户机是否可以访问 Internet。

8.5 本章习题

一、选择题

1. 如果用户计算机通过电话网接入 Internet，那么用户端必须具有_____。
   A. 路由器 　　　　　　　　　　　B. 交换机
   C. 集线器 　　　　　　　　　　　D. 调制解调器
2. 关于 ADSL 技术的描述，错误的是_____。
   A. 数据传输不需要进行调制解调
   B. 上行传输速率和下行传输速率可以不同
   C. 数据传输可利用现有的电话线
   D. 适用于家庭用户使用
3. HFC 采用_____网络接入 Internet。
   A. 有线电视网 　　　　　　　　　B. 有线电话网
   C. 无线局域网 　　　　　　　　　D. 移动电话网
4. 关于网络接入技术的描述，错误的是_____。
   A. 传统电话网的接入速率通常较低
   B. ADSL 的数据通信不影响语音通信
   C. HFC 的上行速率和下行速率可以不同
   D. DDN 比较适合家庭用户使用
5. 代理服务器主要通过_____提高用户的网络访问速度。
   A. 多个 Internet 连接 　　　　　　B. 增大带宽
   C. 本地缓存 　　　　　　　　　　D. 信息提前获取
6. Windows 操作系统自带的连接共享软件是_____。
   A. Proxy 　　　　　　　　　　　B. Wingate
   C. Sygate 　　　　　　　　　　　D. ICS

二、填空题

1. 在利用电话公共交换网络实现计算机之间的通信时，将数字信号变换成模拟信号的过程称为_____，将模拟信号逆变换成对应的数字信号的过程称为_____，用于实现这种功能的设备称为_____。

2. xDSL 技术按照上行速率和下行速率是否相同可分为对称型和非对称型，对称型包括_____、_____、_____等，非对称性包括_____、_____、_____等。

3. 代理服务器是一台配备了_____块以太网网卡的服务器，其中一块网卡接入_____，另一块网卡一般和_____互联，使用代理软件进行代理业务处理。

4. NAT 的英文全称是_____，属于接入广域网技术，是一种将_____地址转换成_____地址的转换技术，被广泛应用于各种类型的 Internet 接入方式和各种类型的网络中。

5. NAT 不仅完美地解决了 IP 地址不足的问题，还能够有效地避免来自＿＿＿＿＿＿＿的攻击，隐藏并保护＿＿＿＿＿＿＿的计算机。

6. ICS 是 Windows XP/7 操作系统为家庭网络或小型办公网络接入 Internet 提供的一种 Internet ＿＿＿＿＿＿＿服务。

三、简答题

1. 光纤接入网的接入方式可分为哪几种？

2. 简述代理服务器的工作过程。

3. 简述 NAT 的工作过程。

第 9 章

网络操作系统

学习目标

（1）了解网络操作系统的基本概念。

（2）了解 Windows、UNIX、Linux 操作系统。

（3）掌握 Windows Server 2008 操作系统的安装方法。

（4）掌握工作组模式下的用户、组和文件管理。

9.1 网络操作系统概述

网络操作系统（Network Operating System，NOS）是使网络中计算机能够方便而有效地共享网络资源，为网络用户提供所需各种服务的软件与协议的集合。通过网络操作系统屏蔽本地资源与网络资源的差异性，可以为用户提供各种基本网络服务功能，完成网络共享系统资源的管理，并提供网络系统的安全性服务。

1. 网络操作系统的分类

构筑计算机网络的基本目的是共享资源。根据共享资源的方式不同，网络操作系统软件既可对等地分布在网络上的所有节点，形成对等式结构；也可以将网络操作系统软件的主要部分驻留在中心节点管理资源，并为其他节点提供服务，称为集中式结构；若在网络中的一台或几台功能较强的计算机节点上安装服务器操作系统，集中进行共享资源的管理和存取控制，而在其他被称为客户机的计算机节点上安装工作站操作系统，负责用户应用处理工作和共享资源的访问，这种结构是目前流行的客户机/服务器（C/S）结构。

2. 网络操作系统的主要功能

（1）文件服务。文件服务是网络操作系统最重要、最基本的功能，提供网络用户访问文件、目录的并发控制和安全保密措施。文件服务器以集中方式管理共享文件，网络工作站可以根据所规定的权限对文件进行读写及其他各种操作，文件服务器为网络用户的文件安全与保密提供了必需的控制方法。

（2）打印服务。打印服务可以通过设置专门的打印服务器对网络中共享的打印机和打印作业进行管理。通过打印服务功能，在局域网中可以安装一台或多台网络打印机，用户可以远程共享网络打印机。

（3）数据库服务。数据库服务是现今最流行的网络服务之一，一般采用关系型数据库，可利用 SQL 命令对数据库进行查询等操作。

（4）通信服务。局域网主要提供工作站与工作站之间、工作站与服务器之间的通信服务。

（5）信息服务。局域网可以通过存储转发方式或对等方式提供电子邮件等服务。目前，信息服务已经逐步发展为文件、图像、视频与语音数据的传输服务。

（6）分布式服务。分布式服务将网络中分布在不同地理位置的网络资源组织在一个全局性的、可复制的分布数据库中，网络中多台服务器都有该数据库的副本。用户在一个工作站注册，便可与多台服务器连接。对于用户来说，网络系统中分布在不同位置的资源是透明的，这样就可以用简单的方法访问一个大型互联局域网系统。

（7）网络管理服务。网络操作系统提供了丰富的网络管理服务工具，可以提供网络性能分析、网络状态监控、存储管理等多种管理服务。

（8）Internet/Intranet 服务。为了适应 Internet 与 Intranet 的应用，网络操作系统一般都支持 TCP/IP 协议，提供诸如 HTTP、FTP 等 Internet 服务。

9.2　Windows 操作系统

目前，服务器操作系统主要有三大类：Windows Server，代表产品是 Windows Server 2008；UNIX，代表产品包括 HP-UX、IBM-AIX 等；Linux，虽说它发展得比较晚，但由于其开放性和高性价比等特点，近年来获得了长足发展。

Windows 操作系统是 Microsoft 公司开发的。Microsoft 公司的 Windows 操作系统不但在个人操作系统中占有绝对优势，而且在网络操作系统中也占了相当大的份额。因此，为局域网中的计算机安装 Windows 操作系统是最常见的。由于它对服务器的硬件要求较高，且稳定性不是很好，所以 Windows 操作系统一般只用在中低档服务器中，高端服务器通常采用 UNIX、Linux 或 Solaris 等非 Windows 操作系统。

1．Windows 操作系统概述

Windows 操作系统是一个产品系列。Microsoft 公司在 1993 年推出第一代网络操作系统产品 Windows NT 3.1。随着 Windows NT 3.1 的问世，Microsoft 公司正式加入网络操作系统的市场角逐。至今，Microsoft 公司已对其 Windows 操作系统进行了多次改进，陆续推出了 Windows NT 3.5、Windows NT 4.0、Windows 2000 Server、Windows Server 2003、Windows Server 2008 等多个版本。

2．Windows NT 操作系统概述

Windows NT 操作系统分为两部分：Windows NT Server 服务器端软件和 Windows NT Workstation 客户端软件。网络结构分为工作组模型和域模型。Windows NT 操作系统具有优良的安全性，符合 C2 安全标准。

工作组（Workgroup）模型是资源和管理都分布在整个网络上的一种网络模式。也就是说，网络中每台计算机的地位是平等的，每台计算机既可用作服务器，也可用作工作站，每台计算机都有自己的账户和资源对象。工作组模型适用于计算机数量较少、数据量不大、对网络的集中管理和安全性要求不高的场合。

域（domain）是一组计算机构成的逻辑组织单元，管理员通过它对网络上的计算机系统进行安全管理。在 Windows NT 操作系统中，以域为单位实现对网络资源的集中管理。每个用户只需要登录一次即可在整个网络中漫游，访问域中所有被授权使用的资源。用户登录由系统管理员统一管理，而不是由各台服务器单独管理。

在一个域中，可能有一台主域控制器（Primary Directory Controller，PDC）、多台备份域控制器（Back Directory Controller，BDC）和成员服务器。PDC 负责为域用户与用户组提供信息，BDC 主要提供系统容错功能，保存域用户与用户组信息的备份，BDC 可以处理用户请求，在 PDC 失效时将自动升级为 PDC。

3. Windows 2000 Server 操作系统

Windows 2000 Server 操作系统是 Windows NT 操作系统的升级版本，主要有以下几方面特点。

（1）首次使用活动目录（Active Directory）管理资源。使用活动目录，用户很容易找到所需的数据。活动目录是一种分布式的目录服务，包含两部分内容：目录（数据库，用来存放网络对象的物理容器）和目录服务（网络服务，提供命名、描述、查找、访问及保护实体信息一致的方法）。

（2）基本管理单位是域。不再区分主域控制器与备份域控制器，所有域控制器之间都是平等的关系。活动目录中的核心单元也是域，将网络设置为一个域或多个域，所有网络对象都存放在域中。

（3）提供逻辑组织形式，如域林、域树、域和组织单元（Organization Unit，OU），用于组织整个目录。

（4）不再划分全局组和本地组。

4. Windows Server 2003 操作系统

Windows Server 2003 操作系统是依据.NET 架构对 NT 技术进行重要和实质性改进而推出的产品，凝聚了 Microsoft 公司多年来的技术积累，并部分实现了.NET 战略，或者说构筑了.NET 战略中最基础的环节。

Windows Server 2003 操作系统的版本主要有 Windows Server 2003 Web 版、Windows Server 2003 标准版、Windows Server 2003 企业版和 Windows Server 2003 数据中心版。不同版本的 Windows Server 2003 操作系统的适用范围不同，所要求的硬件支持也有所不同。

IIS、ASP.NET、.NET Framework 等技术以及 Visual Studio 2005 工具集可以为各类企业提供所需要的、运行在 Web 应用平台上的应用服务器。

Windows Server 2003 R2 版本中的 UNIX 互操作性组件通过将 UNIX 和 Windows 操作系统集成以提供完整的解决方案，从而降低成本。

5. Windows Server 2008 操作系统

Windows Server 2008 操作系统代表了下一代 Windows Server。使用 Windows Server 2008 操作系统，IT 专业人员对其服务器和网络基础结构的控制能力更强，从而可重点关注关键业务需求。Windows Server 2008 通过加强操作系统和保护网络环境提高了安全性；通过加快 IT 系统的部署与维护，服务器和应用程序的合并与虚拟化更加简单，提供直观管理工具；Windows Server 2008 还为 IT 专业人员提供了灵活性。Windows Server 2008 能为任何组织的服务器和网络基础结构奠定较好的基础。

Windows Server 2008 操作系统主要有 6 种不同的版本：Windows Server 2008 标准版、Windows Server 2008 企业版、Windows Server 2008 数据中心版、Windows Web Server 2008、Windows Server 2008 安腾版、Windows HPC Server 2008。

Windows Server 2008 操作系统中增加了许多新功能、新特性，并且易用、稳定、安全、强大，主要表现在以下几个方面。

（1）服务器核心（Server Core）。Windows Server 2008 操作系统提供了 Server Core 功能，这是一个不包含服务器图形用户界面的操作系统。和 UNIX/Linux 操作系统一样，Windows Server 2008 操作系统只安装必要的服务和应用程序，只提供基本的服务器功能。由于服务器上安装和运行的程序与组件较少，暴露在网络上的攻击面也较少，所以更安全。

（2）PowerShell 命令行。UNIX/Linux 操作系统具有优秀的命令行管理工具，管理员不需要进入图形界面就可以管理好服务器。Windows Server 2008 操作系统增加了 PowerShell，这是一种新的命令行 Shell，包含 130 多种工具和一种集成的脚本语言，使管理员能够更轻松地控制、更安全地自动执行日常系统管理任务，在跨多台服务器的情况下尤其有用。

（3）虚拟化。虚拟化技术已成为目前网络技术发展的一个重要方向，而 Windows Server 2008 操作系统中引进了 Hyper-V 虚拟化技术，可以让用户整合服务器，以便更有效地使用硬件、增强终端机服务（TS）功能。利用虚拟化技术，客户端无须单独购买软件，就能将服务器角色虚拟化，能够在单台计算机中部署多个系统。

（4）只读域控制器 RODC。只读域控制器 RODC 是一种新型的域控制器，主要在分支环境中进行部署，可以降低在无法保证物理安全的远程位置（如分支机构）中部署域控制器的风险。除账户密码外，RODC 可以驻留可写域控制器驻留的所有 Active Directory 域服务对象和属性。但客户端无法将更改直接写入 RODC。由于更改不能直接写入 RODC，所以不会发生本地更改，作为复制伙伴的可写域控制器不必从 RODC 导入更改。

（5）Windows 防火墙高级安全功能。Windows Server 2008 操作系统中的防火墙可以依据其配置和当前运行的应用程序允许或阻止网络通信，从而保护网络免遭恶意用户和程序的入侵，并且防火墙的这种功能是双向的，即可以同时对传入和传出的通信进行拦截。Windows Server 2008 操作系统中已经配置了系统防火墙专用的 MMC 控制台单元，可以通过远程桌面或终端服务实现远程管理和控制。

（6）服务器管理器。服务器管理器是 Windows Server 2008 操作系统的一个新增功能，将 Windows Server 2003 操作系统的许多功能替换合并在一起，如"管理您的服务器"、"配置您的服务器"、"添加或删除 Windows 组件"和"计算机管理"等，使管理更加方便。

（7）下一代加密技术（Cryptography Next Generation，CNG）。CNG 提供了灵活的加密开发平台，允许 IT 专业人员在与加密相关的应用程序（如 Active Directory 证书服务、安全套接层 SSL 和 Internet 协议安全 IPSec）中创建、更新和使用自定义的加密算法。

（8）BitLocker 驱动器加密。BitLocker 驱动器加密是 Windows Server 2008 操作系统中一个重要的新功能，可以保护服务器、工作站和移动计算机。BitLocker 可以对磁盘驱动器的内容加密，防止未经授权的用户绕过文件系统和系统保护，或者对存储在受保护驱动器上的文件进行脱机查看。

9.3 UNIX 操作系统

1969 年，美国贝尔实验室开发了 UNIX，后来用 C 语言重写了 UNIX 的大部分内核程序，于 1972 年正式推出。UNIX 是世界上使用最广泛、流行时间最长的操作系统之一，无论是微型计算机、工作站、小型机、中型机、大型机，乃至巨型机，都有许多用户在使用。UNIX 已经成为注册商标，多用于中高档计算机产品。

经过几十年的发展，UNIX 操作系统产生了许多不同的版本流派。各个流派的内核是很相像的，但外围程序等其他程序有一定的区别。现有两大主要流派：一个是以 AT&T 公司为代表的 SYSTEM V，其代表产品为 Solaris 系统；另一个是以伯克利大学为代表的 BSD。

UNIX 操作系统的典型产品有以下几种：应用于计算机上的 Xenix 系统、SCO UNIX 和 Free BSD 系统；应用于工作站上的 SUN 公司的 Solaris，以及 IBM 公司的 AIX 和 HP 公司的 HP-UX 等。

UNIX 操作系统具有如下几方面特点。

（1）UNIX 操作系统是一个多用户、多任务的分时操作系统。

（2）UNIX 操作系统的结构分两大部分：操作系统内核和外壳（Shell）。内核直接工作在硬件之上，外壳由应用程序和系统程序组成。

（3）UNIX 操作系统大部分是用 C 语言编写的，所以系统易读、易修改、易移植。

（4）UNIX 操作系统提供了强大的 Shell 语言（外壳语言）。

（5）UNIX 操作系统采用树状目录结构，具有良好的安全性、保密性和可维护性。

（6）UNIX 操作系统把所有外部设备都当作文件，并分别赋予它们对应的文件名。

（7）UNIX 操作系统提供多种通信机制，如管道、软中断通信等。

（8）UNIX 操作系统采用进程对换的内存管理机制和请求调页的存储管理方式。

9.4 Linux 操作系统

1991 年，芬兰赫尔辛基大学的 Linus Torvalds 为了自己使用与学习的需要，开发了类似于 UNIX 的操作系统，命名为 Linux。为了使每个需要它的人都能够轻易得到，Linus Torvalds 把它变成了"自由"软件。与 Windows、NetWare、UNIX 等传统操作系统最大的区别在于，Linux 操作系统是开放源代码。

1．Linux 操作系统的特点

Linux 操作系统具有以下几方面特点。

（1）Linux 操作系统是自由软件，具有开放性。

（2）Linux 操作系统支持多用户、多任务。

（3）Linux 操作系统能把 CPU 的性能发挥到极限，具有出色的高速度。

（4）Linux 操作系统具有良好的用户界面。

（5）Linux 操作系统具有丰富的网络功能。

（6）Linux 操作系统采取了许多安全措施，为网络多用户提供了安全保障。

（7）Linux 操作系统符合 POSIX（可移植操作系统接口）标准，具有可移植性。

（8）Linux 操作系统具有标准的兼容性。

2．Linux 操作系统的组成

Linux 操作系统由以下 4 部分组成。

（1）内核：具有运行程序和管理磁盘、打印机等硬件设备的核心程序。

（2）外核：系统的用户界面，提供了用户与内核交互操作的接口。

（3）文件系统：支持目前流行的多种文件系统，如 FAT、VFAT、NFS 等。

（4）应用程序：标准的 Linux 操作系统都有一套应用程序的程序集，包括文本编辑器、编程语言、办公套件、Internet 工具等。

常见的 Linux 操作系统有 NOVELL 公司的 SUSE Linux、RED HAT 公司的 Linux 等。

9.5 本章实训

9.5.1 实训 1：安装 Windows Server 2008 操作系统

1．实训目标

掌握在一台计算机上安装 Windows Server 2008 操作系统的方法。

2．完成实训所需的设备和软件

（1）满足硬件要求的计算机 1 台。

（2）安装 Windows Server 2008 操作系统相应版本的安装光盘或镜像文件。

3．实施步骤

（1）使用安装光盘启动系统。

步骤 1：因为需要从光驱引导进行安装，所以重新启动系统并设置计算机的 BIOS，并把光盘驱动器设置为第一启动设备，保存设置并重启。

步骤 2：将 Windows Server 2008 操作系统安装光盘放入光驱，重新启动计算机。如果硬盘内没有安装任何操作系统，计算机会直接从光盘启动到安装界面；如果硬盘内安装了其他操作系统，计算机会显示 "Press any key to boot from CD or DVD..." 提示信息，此时按任意键才可以从 DVD-ROM 启动。

（2）安装 Windows Server 2008 操作系统。

步骤 1：启动安装过程后，显示"安装 Windows"对话框，如图 9-1 所示，然后选择安装语言和输入法。

图 9-1　"安装 Windows"对话框

步骤 2：单击"下一步"按钮，出现是否立即安装 Windows Server 2008 的界面。

步骤 3：单击"现在安装"按钮，出现"选择要安装的操作系统"界面，如图 9-2 所示，操作系统列表框中列出了可以安装的操作系统。这里选择"Windows Server 2008 R2 Enterprise（完全安装）"，安装 Windows Server 2008 企业版。

图 9-2　"选择要安装的操作系统"界面

步骤 4：单击"下一步"按钮，出现"请阅读许可条款"界面，选择"我接受许可条款"复选框。

步骤 5：单击"下一步"按钮，出现"您想进行何种类型的安装"界面，如图 9-3 所示。"升级"安装用于从 Windows Server 2003 升级到 Windows Server 2008，并且如果当前计算机没有安装任何操作系统，则该选项不可用；"自定义（高级）"选项用于全新安装。

图 9-3　"您想进行何种类型的安装"界面

步骤 6：选择"自定义（高级）"选项，出现"您想将 Windows 安装在何处"界面，该界面中显示了当前计算机上硬盘的分区信息。如果服务器上安装了多块硬盘，则会依次显示为硬盘 0、硬盘 1、硬盘 2……

步骤 7：单击"驱动器选项（高级）"按钮，出现"硬盘信息"界面，在此可以对硬盘进行分区、格式化和删除已有分区等操作。

步骤 8：对硬盘进行分区，单击"新建"按钮，在"大小"文本框中输入分区大小，如40 000MB，如图 9-4 所示。单击"应用"按钮，弹出自动创建额外分区的提示，单击"确定"按钮，完成系统分区（第一分区）和主分区（第二分区）的建立。其他分区照此操作。

图 9-4　创建 40 000MB 的分区

步骤 9：选择第一分区安装操作系统，单击"下一步"按钮，出现"正在安装 Windows"界面，开始复制文件并安装 Windows 操作系统。

步骤 10：在安装过程中，操作系统会根据需要自动重新启动。安装完成，第一次登录时会要求更改密码。

对于账户密码，Windows Server 2008 操作系统的要求比较严格，无论是管理员账户还是普通账户，都要求必须设置强密码。除必须满足"至少 6 个字符"和"不包含 Administrator 或 admin"的要求外，至少还要满足以下 4 个条件中的 3 个。

- 包含英文大写字母（A～Z）。
- 包含英文小写字母（a～z）。
- 包含数字（0～9）。
- 包含非字母字符（＃、＆、！、@等）。

步骤 11：按要求输入密码，按 Enter 键即可登录 Windows Server 2008 操作系统，并默认自动启动"初始配置任务"窗口，如图 9-5 所示。

图 9-5　"初始配置任务"窗口

说 明　在"初始配置任务"窗口中能够完成以下功能：设置时区、配置网络、提供计算机名和域、启用自动更新和反馈、下载并安装更新、添加角色、添加功能等初始任务。

步骤 12：如果不想每次启动都出现这个窗口，可在该窗口左下角选中"登录时不显示此窗口"复选框，然后关闭窗口。关闭该窗口后，即可看到 Windows Server 2008 的桌面，桌面上只有"回收站"。

步骤 13：如果要将主要图标显示到桌面上，则单击"开始"按钮，在打开的列表中右击"计算机"，在弹出的快捷菜单中选择"在桌面上显示"命令，此时桌面上显示"计算机"图标。使用同样的方法可设置"Administrator""控制面板"等图标在桌面上显示。

至此，Windows Server 2008 操作系统安装完成，现在就可以开始使用。

9.5.2 实训 2：工作组模式下的用户、组和文件管理

在技术部的办公室有一台文件服务器，该服务器所在工作组为 TZKJ，10 名技术员在本服务器中有各自的本地用户账户。他们可以从自己的计算机上访问服务器的共享文件夹 share。如果需要在一台服务器上管理很多用户，其中的某些用户具有相同的权限，如果单独对每一个用户赋予权限，管理维护很不方便，而且十分烦琐。建立组后，对组赋予相应的权限，只需要将用户加入该组中，用户将自动具备组的权限，这样管理和维护就会十分方便。

1．实训目标

（1）掌握在 Windows Server 2008 操作系统环境下本地用户账户和本地组的使用方法。

（2）掌握在 Windows Server 2008 操作系统环境下共享文件夹的使用方法。

2．完成实训所需的设备和软件

（1）安装 Windows Server 2008 操作系统的计算机 2 台（PC1、PC2）。

（2）交换机 1 台，直通线 2 根。

3．网络拓扑结构

为了完成本次实训任务，搭建如图 9-6 所示的网络拓扑结构。

图 9-6　网络拓扑结构

4．实施步骤

（1）硬件连接。

用 2 根直通线分别把 PC1、PC2 连接到交换机上。

（2）TCP/IP 协议的配置。

配置 PC1 的 IP 地址为 192.168.3.10，子网掩码为 255.255.255.0；配置 PC2 的 IP 地址为 192.168.3.20，子网掩码为 255.255.255.0。

用 ping 命令测试这两台计算机是否已经联通。

（3）将计算机加入指定工作组。

步骤 1：右击 PC1 桌面上的"计算机"图标，在弹出的快捷菜单中选择"属性"命令，打

开"系统"窗口。

步骤 2：单击"更改设置"，打开"系统属性"对话框。

步骤 3：单击"更改"按钮，打开"计算机名/域更改"对话框，如图 9-7 所示。

图 9-7 "计算机名/域更改"对话框

步骤 4：更改"计算机名"为"server"，并选中下方的"工作组"单选按钮，设置"工作组"为"TZKJ"。需要重启计算机后，更改才能生效。

步骤 5：使用相同的方法，更改 PC2"计算机名"为"client"，"工作组"为"TZKJ"。

（4）创建和管理本地用户账户。

步骤 1：在 PC1 中，使用 Administrator 登录后，选择"开始"→"管理工具"→"计算机管理"命令，打开"计算机管理"窗口。

步骤 2：在左窗格中，依次展开"系统工具"→"本地用户和组"→"用户"选项，在右窗格的空白处右击，在弹出的快捷菜单中选择"新用户"命令，如图 9-8 所示。

图 9-8 "计算机管理"窗口

步骤 3：在打开的"新用户"对话框中，输入"用户名"（user1）、"全名"（张三）、"描述"（技术部 1 组）和"密码"（p@ssword01），并选中下方的"用户下次登录时须更改密码"复选框，如图 9-9 所示。密码是区分字母大小写的。

图 9-9　"新用户"对话框

步骤 4：使用相同的方法，新建用户名为 user2～user10 的账户，相关参数如表 9-1 所示。

表 9-1　新建账户

用　户　名	全　　　名	描　　述	密　　码	选　　项
user2	李四	技术部 1 组	p@ssword2	用户不能更改密码
user3	王五	技术部 1 组	p@ssword3	密码永不过期
user4	赵六	技术部 1 组	p@ssword4	账户已禁用
user5～user7	同用户名	技术部 2 组	p@ssword5～p@ssword7	用户不能更改密码
user8～user10	同用户名	技术部 3 组	p@ssword8～p@ssword10	密码永不过期

步骤 5：使用 user1 用户名（张三）登录，显示该用户第一次登录界面，输入密码（p@ssword01）后，出现"用户首次登录之前必须更改密码"的提示信息。

步骤 6：单击"确定"按钮，输入 user1 的新密码（p@ssword1）两次，之后单击图标●，出现"您的密码已更改"的提示信息，单击"确定"按钮。

（5）创建本地组，并将用户加入本地组。

步骤 1：在 PC1 上使用 Administrator 登录，在"计算机管理"窗口的左窗格中依次展开"系统工具"→"本地用户和组"→"组"选项，在右窗格的空白处右击，在弹出的快捷菜单中选择"新建组"命令，打开"新建组"对话框，如图 9-10 所示。

步骤 2：在"组名"文本框中输入"jsb1"，在"描述"文本框中输入"技术部 1 组"，然后单击"添加"按钮，打开"选择用户"对话框，如图 9-11 所示。

步骤 3：在"输入对象名称来选择"文本框中直接输入该组成员名"user1;user2;user3;user4"（用户名之间用分号隔开），如果需要检查名称是否正确，则单击"检查名称"按钮，各用户名前会自动加上本地计算机名称（如 SERVER\user1），单击"确定"按钮，返回"新建组"对话框，上面输入的用户名就添加到"成员"文本框中。

如果不希望手动输入用户（或组）名称，也可以单击"高级"按钮，展开"选择用户"对话框。再单击"立即查找"按钮，系统会自动搜索在本计算机（SERVER）中的所有用户名，在"搜索结果"文本框中选择用户名"user1"，如图 9-12 所示，单击"确定"按钮，返回"新建组"对话框，刚才选择的用户账户（user1）已经添加到"成员"文本框中。使用相同的方法，可添加其他用户账户到"成员"文本框中。

图 9-10 "新建组"对话框

图 9-11 "选择用户"对话框（一）

图 9-12 "选择用户"对话框（二）

步骤 4：单击"创建"按钮，完成 jsb1 本地组的创建。

步骤 5：使用相同的方法，按照表 9-2 的要求再创建两个组，并将用户加入组中。

表 9-2 新建组

组 名	描 述	成 员
jsb2	技术部 2 组	user5～user7
jsb3	技术部 3 组	user8～user10

（6）创建共享文件夹，并设置共享权限。

步骤 1：在 PC1 上使用 Administrator 登录，在 C 盘建立名为 share 的文件夹，并建立 6 个文本文件，如图 9-13 所示。

步骤 2：右击 C 盘中的 share 文件夹，在弹出的快捷菜单中选择"共享"→"特定用户"命令，打开"文件共享"窗口。

图 9-13　"C:\share" 窗口

步骤 3：输入组名 "jsb1"，单击 "添加" 按钮，使用相同的方法，添加组名 "jsb2" 和 "jsb3"。

步骤 4：新添加的组的权限级别默认 "读取"，修改 "jsb2" 和 "jsb3" 的权限级别为 "读/写"，如图 9-14 所示。

图 9-14　修改 "jsb2" 和 "jsb3" 的权限级别为 "读/写"

步骤 5：单击 "共享" 按钮，如果弹出如图 9-15 所示的 "网络发现和文件共享" 对话框，选择 "是，启用所有公用网络的网络发现和文件共享" 选项。

图 9-15　"网络发现和文件共享" 对话框

步骤 6：在"文件共享"窗口中显示"您的文件夹已共享"的提示信息，单击"完成"按钮。

步骤 7：在 PC2 上使用 Administrator 登录（登录密码与 PC1 上的登录密码不同）后，选择"开始"→"运行"命令，打开"运行"对话框，如图 9-16 所示，在"打开"文本框中输入"\\192.168.3.10\share"后，单击"确定"按钮。

步骤 8：在打开的"Windows 安全"对话框中，输入用户名"user1"，输入密码"P@ssword1"，如图 9-17 所示，单击"确定"按钮，打开共享文件夹（\\192.168.3.10\share），如图 9-18 所示，验证 user1 对 share 共享文件夹中的文件具有的权限。

图 9-16　"运行"对话框

图 9-17　"Windows 安全"对话框

图 9-18　share 共享文件夹

步骤 9：注销后，重复上面的步骤 7 和步骤 8，分别验证 user5 和 user8 对 share 共享文件夹中的文件所具有的权限。

9.6　本章习题

一、选择题

1. 关于网络操作系统的描述，正确的是_____。

　　A．屏蔽本地资源和网络资源之间的差异

　　B．必须提供目录服务

C. 比单机操作系统有更高的安全性

D. 客户机和服务器端的软件可以互换

2. 关于网络操作系统的描述，错误的是_____。

A. 文件与打印服务是基本服务

B. 通常支持对称多处理技术

C. 通常是多用户、多任务的

D. 采用多进程方式可以避免多线程出现问题

3. 关于活动目录的描述，错误的是_____。

A. 活动目录包括目录和目录服务

B. 域是基本管理单位，通常不再细分

C. 活动目录采用树状逻辑结构

D. 通过域构成树，树再组成森林

4. 关于 Windows Server 2008 操作系统的描述，正确的是_____。

A. 虚拟化了 Hyper-V 技术

B. 主流 CPU 不支持软件虚拟技术

C. 精简版提高了安全性，降低了可靠性

D. 内置了 VMware 模拟器

5. 关于 UNIX 版本的描述，错误的是_____。

A. IBM 公司的 UNIX 是 Xenix

B. SUN 公司的 UNIX 是 Solaris

C. 伯克利大学的 UNIX 是 UNIX BSD

D. HP 公司的 UNIX 是 HP-UX

6. 关于 UNIX 操作系统的结构和特性，错误的是_____。

A. UNIX 操作系统支持多任务、多用户

B. UNIX 操作系统提供了功能强大的 Shell 编程语言

C. UNIX 操作系统的网状文件系统有良好的安全性和可维护性

D. UNIX 操作系统提供了多种通信机制

7. Linux 操作系统与 Windows、NetWare、UNIX 等传统网络操作系统最大的区别是_____。

A. 支持多用户   B. 开放源代码

C. 支持仿真终端服务   D. 支持虚拟内存

二、填空题

1. 网络操作系统的基本任务是，屏蔽本地资源与网络资源的差异性，为用户提供各种基本网络服务功能，完成网络_____管理，并提供网络系统的安全性服务。

2. 网络操作系统的发展经历了从对等结构向_____结构演变的过程。

3. 网络操作系统为支持分布式服务，提出了一种新的网络资源管理机制，即分布式_____管理机制。

4. 域模式最大的好处是具有_____登录功能，用户只要在域中有一个账户，就可以在整个网络中漫游。

5．Windows Server 2008 操作系统的 6 个版本为标准版、企业版、安腾版、HPC 版、_____和_____。

6．Windows Server 2008 操作系统提供了_____功能，这是一个不包含服务器图形用户界面的操作系统。

7．Windows Server 2008 操作系统引进了_____技术，可以让用户整合服务器，以便更有效地使用硬件，以及增强终端机服务（TS）功能。

三、简答题

1．网络操作系统的主要功能有哪些？

2．什么是"域"？什么是"活动目录"？

3．UNIX 操作系统具有什么特点？

4．Linux 操作系统由哪些部分组成？

第 10 章

常见网络服务

学习目标

（1）了解 DHCP、DNS 的作用和工作过程。

（2）掌握 DHCP、DNS、Web、FTP 服务器的配置方法。

（3）了解 Windows Server 2008 操作系统的角色和服务。

10.1 DHCP 服务

10.1.1 DHCP 的概念

DHCP（Dynamic Host Configuration Protocol，动态主机配置协议）是一种简化主机 IP 地址分配管理的 TCP/IP 协议。它能够动态地向网络中的每台设备分配独一无二的 IP 地址，并提供安全、可靠、简单的 TCP/IP 网络配置，确保不发生地址冲突，从而帮助维护 IP 地址的使用。

要使用 DHCP 方式动态分配 IP 地址，整个网络必须至少有一台安装了 DHCP 服务的服务器。其他使用 DHCP 功能的客户端也必须支持自动向 DHCP 服务器索取 IP 地址的功能。当 DHCP 客户端第一次启动时，它会自动与 DHCP 服务器通信，并由 DHCP 服务器为 DHCP 客户端分配一个 IP 地址，直到租约到期（并非每次关机释放），这个地址就会由 DHCP 服务器收回，并将其提供给其他的 DHCP 客户端使用。

动态分配 IP 地址的一个好处就是可以解决 IP 地址不够用的问题。因为 IP 地址是动态分配的，而不是固定给某个客户机使用的，所以只要有空闲的 IP 地址可用，DHCP 客户端就可以从 DHCP 服务器取得 IP 地址。当客户机不需要使用此 IP 地址时，就由 DHCP 服务器收回，并提供给其他的 DHCP 客户端使用。

动态分配 IP 地址的另一个好处是用户不必自己设置 IP 地址、DNS 服务器地址、网关地址等网络属性，甚至不必绑定 IP 地址与 MAC 地址，不存在盗用 IP 地址的问题，因此，可以减少网络管理员的维护工作量，用户也不必关心网络地址及其配置。

10.1.2 DHCP 服务器的位置

充当 DHCP 服务器的有 PC 服务器、集成路由器和专用路由器。在多数大中型网络中，

DHCP 服务器通常是基于计算机的本地专用服务器；单台家庭计算机的 DHCP 服务器通常位于 ISP 处，直接从 ISP 处获得 IP 地址；家庭网络和小型企业网络使用集成路由器连接到 ISP，在这种情况下，集成路由器既是 DHCP 客户端又是 DHCP 服务器。集成路由器作为 DHCP 客户端从 ISP 处获得 IP 地址，在本地网络中充当内部主机的 DHCP 服务器，如图 10-1 所示。

图 10-1　DHCP 服务器的位置

10.1.3　DHCP 的工作过程

当主机被配置为 DHCP 客户端时，需要从位于本地网络或 ISP 处的 DHCP 服务器获取 IP 地址、子网掩码、DNS 服务器地址和默认网关等网络属性。通常情况下，网络中只有一台 DHCP 服务器，DHCP 的工作过程如图 10-2 所示。

图 10-2　DHCP 的工作过程

1．DHCP 发现阶段

DHCP 客户端以广播方式（因为 DHCP 服务器的 IP 地址对于客户机来说是未知的）发送一个 DHCP Discover 数据包来寻找 DHCP 服务器，其目的 IP 地址为 255.255.255.255，目的 MAC 地址为 FF-FF-FF-FF-FF-FF。网络中每一台主机都会接收到这种广播数据包，但只有 DHCP 服务器会做出响应。

2．DHCP 提供阶段

在网络中接收到 DHCP Discover 数据包的 DHCP 服务器会做出响应，它从尚未出租的 IP

地址中挑选一个分配给 DHCP 客户端，并向 DHCP 客户端发送一个包含出租的 IP 地址和其他设置的 DHCP Offer 数据包。如果网络中包含不止一台 DHCP 服务器，那么 DHCP 客户端有可能收到多个 DHCP Offer 数据包。但大多数情况下，DHCP 客户端只接收第一个收到的 DHCP Offer 数据包。

3．DHCP 请求阶段

DHCP 客户端选定一个 DHCP Offer 提供数据包并创建一个 DHCP Request 数据包。该数据包包含发出响应的 DHCP 服务器的 IP 地址，也包含该 DHCP 客户端的 MAC 地址。

4．DHCP 确认阶段

当被选中的 DHCP 服务器接收到 DHCP Request 数据包后，它便向 DHCP 客户端发送一个包含它所提供的 IP 地址和其他设置的 DHCP Ack 数据包，并告诉 DHCP 客户端可以使用它提供的 IP 地址。然后，DHCP 客户端便将获得的 IP 地址与网卡绑定。另外，除了 DHCP 客户端选中的 DHCP 服务器，其他的 DHCP 服务器将收回曾经提供的 IP 地址。

由于 DHCP 依赖于广播信息，所以在一般情况下，客户机和服务器应该位于同一个网络中。也可以设置网络中的路由器为可以转发的 BootP 广播包（DHCP 中继），从而使服务器和客户机可以位于两个不同的网络中。然而配置转发广播信息不是一个很好的解决办法，更好的办法是使用 DHCP 中转计算机，DHCP 中转计算机和 DHCP 客户端位于同一个网络中，从而回应客户机的租用请求，然而它并不维护 DHCP 数据和拥有的 IP 地址资源，只是将请求通过的 TCP/IP 协议转发给位于另一个网络上的 DHCP 服务器，对实际的 IP 地址进行分配和确认。

10.1.4　DHCP 的时间域

DHCP 客户端按固定的时间周期向 DHCP 服务器租用 IP 地址，实际的租用时间长度是在 DHCP 服务器上进行配置的。在 DHCP Ack 数据包中，实际上还包含 3 个重要的时间周期信息域：一个域用于标识租用 IP 地址的时间长度；另外两个域用于租用时间的更新。

DHCP 客户端必须在当前 IP 地址租用过期之前对租用时间进行更新。50% 的租用时间过去之后，DHCP 客户端就应该开始请求为它配置 TCP/IP 协议的 DHCP 服务器更新它的当前租用时间。在有效租用时间的 87.5% 处，如果客户机还不能与它当前的 DHCP 服务器取得联系并更新它的租用时间，它应该通过广播方式与其他任意一台 DHCP 服务器通信并请求更新它的配置信息。假如该客户机在租用时间到期时既不能对租用时间进行更新，又不能从另一台 DHCP 服务器获得新的租用时间，那么它必须放弃使用当前的 IP 地址并发出一个 DHCP Discover 数据包，以重新开始上述过程。

DHCP 工作过程的第一步是 DHCP 发现（DHCP Discover），该过程也称为 IP 发现。当 DHCP 客户端发出 TCP/IP 配置请求时，DHCP 客户端发送一个广播。该广播信息含有 DHCP 客户端的网卡 MAC 地址和计算机名称。

当第一个 DHCP 广播信息发送出去后，DHCP 客户端将等待 1s。在此期间，如果没有 DHCP 服务器做出响应，那么 DHCP 客户端将分别在第 9s、第 13s 和第 16s 时重复发送一次 DHCP 广播信息。如果还没有得到 DHCP 服务器的应答，那么 DHCP 客户端将每隔 5min 广播一次广播信息，直到得到一个应答为止。

📖 **说　明**　如果一直没有应答，DHCP 客户端如果是 Windows 2000 以后的操作系统，客户端就选择一个自动私有 IP 地址（从 169.254.×.×地址段中选取）使用。尽管此时客户端已分配了一个静态 IP 地址，DHCP 客户端还要每持续 5min 发送一次 DHCP 广播信息。如果这时有 DHCP 服务器响应，那么 DHCP 客户端将从 DHCP 服务器获得 IP 地址及其配置，并以 DHCP 方式工作。

10.2 DNS 服务

10.2.1 域名

在 Internet 上，对于众多以数字表示的一长串 IP 地址，人们记忆起来是很困难的。因此，Internet 引入了一种字符型的主机命名机制，即域名系统（Domain Name System，DNS），用来表示主机的 IP 地址。Internet 设有一个分布式命名体系，它是一个树状结构的 DNS 服务器网络。每台 DNS 服务器保存一张表，用来实现域名和 IP 地址的转换，当有计算机要根据域名访问其他计算机时，它就自动执行域名解析，根据这张表，把已经注册的域名转换为 IP 地址。如果此 DNS 服务器在表中查不到该域名，它会向上一级 DNS 服务器发出查询请求，直到最高一级的 DNS 服务器返回一个 IP 地址或返回未查到的信息。

图 10-3 所示是一个树状 DNS 域名空间结构示例，整个 DNS 域名空间呈树状结构分布，被称为"域树"。在 DNS 域树中，每个"节点"都可以代表域树的一个分支或叶。其中，分支用于标识一组命名资源；叶用于标识某个特定的命名资源。其实，这与现实生活中树、枝、叶三者的关系类似。

图 10-3 DNS 域名空间结构示例

DNS 域名空间树的最上面是一个无名的根（root）域，用点"."表示。在 Internet 中，根域是默认的，一般不需要表示出来。全世界共有 13 台根域服务器，其中的 10 台位于美国，英国、瑞典和日本各有 1 台。根域服务器中并没有保存任何域名，只具有初始指针，且指向第一级域，也就是顶级域，如 com、edu、net 等。

根域下是最高一级的域，再往下是二级域、三级域，最下面是主机名。最高一级的域名为一级域名或顶级域名。例如，在域名 www.sina.com.cn 中，cn 是一级域名，com 是二级域名，

sina 是三级域名，也称为子域域名，而 www 是主机名。

完全限定的域名（Fully Qualified Domain Name，FQDN）是指主机名加上全路径，全路径中列出了序列中所有域成员。FQDN 用于指出其在域名空间树中的绝对位置，如 www.microsoft.com 就是一个完整的 FQDN。

表 10-1 列举了一些常用的一级域名。

表 10-1　常用的一级域名

域　　名	含　　义	域　　名	含　　义	域　　名	含　　义
gov	政府部门	ca	加拿大	edu	教育类
com	商业类	fr	法国	net	网络机构
mil	军事类	hk	中国香港	arc	康乐活动
cn	中国	info	信息服务	org	非营利组织
jp	日本	int	国际机构	web	与 WWW 有关的单位

10.2.2　DNS 查询

DNS 的作用就是将主机域名解析成对应的 IP 地址，或由 IP 地址解析成对应的主机域名。这个解析过程是通过正向查询或反向查询过程完成的。DNS 客户端需要查询所使用的域名时，它会查询 DNS 服务器来解析该域名。

当客户端程序要通过一个主机域名来访问网络中的一台主机时，它首先要得到这个主机域名所对应的 IP 地址，因为 IP 数据包中允许放置的是目的主机的 IP 地址，而不是主机域名。所以可以从本机的 hosts 文件中得到主机域名所对应的 IP 地址，但如果 hosts 文件不能解析该主机域名，那么只能通过向客户机所设定的 DNS 服务器进行查询。可以以递归查询、迭代查询或反向查询的方式对 DNS 查询进行解析。

1．递归查询

递归查询就是 DNS 客户端发出查询请求后，若 DNS 服务器内没有所需的记录，那么 DNS 服务器会代替客户端向其他 DNS 服务器进行查询。一般由 DNS 客户端所提出的查询请求属于递归查询。

2．迭代查询

迭代查询就是当第 1 台 DNS 服务器向第 2 台 DNS 服务器提出查询请求后，若第 2 台 DNS 服务器内没有所需要的记录，那么它会为第 1 台 DNS 服务器提供第 3 台 DNS 服务器的 IP 地址，让第 1 台 DNS 服务器自行向第 3 台 DNS 服务器进行查询。一般情况下，DNS 服务器与 DNS 服务器之间的查询属于迭代查询。

下面以图 10-4 所示的 DNS 客户端向本地 DNS 服务器查询域名为 www.example.com 的 IP 地址为例说明 DNS 查询的过程（参考图中的数字）。

（1）DNS 客户端向本地 DNS 服务器查询域名为 www.example.com 的 IP 地址（这属于递归查询）。

（2）本地 DNS 服务器无法解析此域名，先向根域 DNS 服务器发出请求，查询.com 的 IP 地址（这属于迭代查询）。

（3）根域 DNS 服务器管理.com 和.net 等顶级域名的地址解析。它收到请求后，把解析结果（管理.com 域的服务器 IP 地址）返回本地 DNS 服务器。

（4）本地 DNS 服务器得到查询结果后，接着向管理.com 域的 DNS 服务器发出进一步的查询请求，要求得到 example.com 的 IP 地址（这属于迭代查询）。

（5）管理.com 域的 DNS 服务器把解析结果（管理 example.com 域的服务器 IP 地址）返回本地 DNS 服务器。

（6）本地 DNS 服务器得到查询结果后，接着向管理 example.com 域的 DNS 服务器发出进一步的查询请求，要求得到 www.example.com 的 IP 地址（这属于迭代查询）。

（7）管理 example.com 域的 DNS 服务器把解析结果（www.example.com 的 IP 地址）返回本地 DNS 服务器。

（8）本地 DNS 服务器得到了最终的查询结果，它把这个结果返回 DNS 客户端，从而使客户端能够和远程主机通信。

图 10-4　DNS 查询的过程

3．反向查询

反向查询是把 IP 地址解析成对应的主机域名。递归查询和迭代查询属于正向查询，即把主机域名解析成对应的 IP 地址。

10.2.3　提高域名解析的效率

在实际的域名解析系统中，可以采用以下几种方法提高解析效率。

（1）解析从本地域名服务器开始。大部分域名解析都可以在本地服务器中完成。如果能在本地服务器中直接完成，则无须从根节点开始遍历域名服务器树。这样，域名解析既不会占用太多的网络带宽，也不会给根服务器造成太大的处理负荷，因此可以提高域名的解析效率。当然，如果本地服务器不能解析请求的域名，则需要借助其他域名服务器来完成。

（2）域名服务器的高速缓存技术。域名解析从根节点向下解析会增加网络负担，开销很大。在互联网中可借用高速缓存减少非本地域名解析的开销。所谓高速缓存，就是在域名服务器中开辟专用内存区，存储最近解析的域名及其相应的 IP 地址。

域名服务器收到域名请求后，首先检查域名与 IP 地址的对应关系是否在本地存在，如果存在，则在本地解析，否则检查域名高速缓冲区。如果是最近解析的域名，则将结果报告解析器，否则再向其他域名服务器发出解析请求。

为了保证高速缓冲区中域名与 IP 地址之间映射关系的有效性，通常可以采用以下两种策略。

① 域名服务器向解析器报告缓存信息时，需要注明是"非权威性"映射，并给出获取该映射的域名服务器 IP 地址。如果注重准确性，可联系该服务器。

② 高速缓存中的每一个映射关系都有一个生存周期（TTL），生存周期规定该映射关系在缓存中保留的最长时间。一旦达到某映射关系的生存周期时间，系统便将它从缓存中删除。

（3）主机上的高速缓存技术。主机将从解析器获得的域名-IP 地址映射关系存储在高速缓存中。当解析器进行域名解析时，它首先在本地主机的高速缓存中进行查找，如果找不到，则将请求送往本地域名服务器。

10.2.4 区域文件

区域文件是 DNS 服务器使用的配置文件，安装 DNS 服务器的主要工作就是创建区域文件和资源记录。要为每个域名创建一个区域文件。单台 DNS 服务器能支持多个域，因此它可以同时支持多个区域文件。

区域文件是一个采用标准化结构的文本文件，它包含的项目称为资源记录。不同的资源记录用于标识项目代表的计算机或服务程序的类型，每个资源记录具有一个特定的作用，主要有以下几种可能的记录。

（1）SOA（授权开始），SOA 记录是区域文件的第一条记录，表示授权开始，并定义域的主域名服务器。

（2）NS（域名服务器），为某一给定的域指定授权的域名服务器。

（3）A（地址记录），用来提供从主机名到 IP 地址的转换。

（4）PTR（指针记录），也可称为反序解析记录或反向查看记录，用于确定如何把一个 IP 地址转换为相应的主机名。PTR 记录不应该与 A 记录放在同一个 SOA 中，而是出现在 in-addr.arpa 子域的 SOA 中，且被反序解析的 IP 地址要以反序指定，并在末尾添加句点"."。

（5）MX（邮件交换器），允许用户指定在网络中负责接收外部邮件的主机。

（6）CNAME（别名），用于在 DNS 中为主机设置别名，这对给出服务器的通用名称非常有用。要使用 CNAME，必须有该主机的另外一条记录（A 记录或 MX 记录）来指定该主机的真名。

（7）RP 和 TXT（文档项）。TXT 记录是自由格式的文本项，可以用来放置认为合适的任何信息，但通常提供的是一些联系信息。RP 记录则明确指明对于指定域负责管理人员的联系信息。

10.3 WWW 服务

10.3.1 WWW 的基本概念

1. WWW 服务系统

WWW（World Wide Web）或 Web 服务，采用客户机/服务器的工作模式，它以超文本标记语言（HTML）和超文本传输协议（HTTP）为基础。WWW 服务具有以下几方面特点。

（1）以超文本方式组织网络多媒体信息。

（2）可以在世界范围内任意查找、检索、浏览及添加信息。

（3）可以提供生动、直观、易于使用、统一的图形用户界面。

（4）服务器之间可以相互链接。

（5）可以访问图像、声音、影像和文本等信息。

2．Web 服务器

Web 服务器上的信息通常以 Web 页面的方式进行组织，还包含指向其他页面的超链接。利用超链接可以将 Web 服务器上的一个页面与互联网上其他服务器的任意页面进行关联，使用户在检索一个页面时可以方便地查看其他相关页面。

Web 服务器不但需要保存大量的 Web 页面，而且需要接收和处理浏览器的请求，实现 Web 服务器功能。通常，Web 服务器在 TCP 的知名端口 80 侦听来自 WWW 浏览器的连接请求。当 Web 服务器接收到浏览器对某一 Web 页面的请求信息时，服务器搜索该 Web 页面，并将该 Web 页面的内容返回浏览器。

3．WWW 浏览器

WWW 的客户机程序称为 WWW 浏览器，是用来浏览服务器中 Web 页面的软件。

WWW 浏览器负责接收用户的请求（从键盘或鼠标输入），利用超文本传输协议将用户请求传送给 Web 服务器。服务器将请求的 Web 页面返回浏览器后，浏览器再对 Web 页面进行解释，从而显示在用户的屏幕上。

4．页面地址和 URL

Web 服务器中的 Web 页面很多，通过 URL（Uniform Resource Location，统一资源定位器）指定使用什么协议、哪台服务器和哪个文件等。URL 由 3 部分组成：协议类型、主机名、路径及文件名，如 http://（协议类型）netlab.nankai.edu.cn（主机名）/student/network.html（路径及文件名）。

10.3.2　超文本传输协议

超文本传输协议（Hypertext Transfer Protocol，HTTP）是客户浏览器和 Web 服务器之间的传输协议，是建立在 TCP 连接基础之上的，属于应用层面向对象的协议。为了保证客户浏览器与 Web 服务器之间的通信没有歧义，HTTP 精确定义了请求报文和响应报文的格式。

客户浏览器和 Web 服务器通过超文本传输协议的会话过程如图 10-5 所示。

图 10-5　客户浏览器和 Web 服务器通过超文本传输协议的会话过程

（1）TCP 连接：客户浏览器和 Web 服务器通过三次握手建立 TCP 连接。

（2）请求：客户浏览器发送 HTTP 请求。

（3）应答：Web 服务器接收 HTTP 请求，产生对应的 HTTP 响应反馈至客户浏览器。

（4）关闭：Web 服务器或客户浏览器关闭 TCP 连接，客户浏览器解析反馈的 HTTP 响应。

还有一个 HTTP 的安全版本称为 HTTPS，HTTPS 支持能被页面双方所理解的加密算法。

10.3.3 超文本标记语言

Web 服务器中存储的 Web 页面是一种结构化的文档，采用超文本标记语言（Hypertext Mark-up Language，HTML）书写。HTML 是 WWW 上用于创建超文本链接的基本语言，可定义格式化的文本、色彩、图像与超文本链接等，主要用于 Web 页面的创建与制作。

HTML 的基本结构标记如下。

（1）以<html>开始，以</html>结束。

（2）在<head>和</head>之间存储文档的头部信息。

（3）在<body>和</body>之间存储文档的主体信息。

（4）在<title>和</title>之间存储文档的标题信息。

（5）以<img>标记图像，如<img src="http://192.168.0.66/lan.jpg">表示将主机的图像 lan.jpg 嵌入 Web 页面中。

（6）以<a href="URL 或文件名">文本字符串</a>形成超链接。

其中，href="URL 或文件名"指明关联文档的位置；文本字符串指明要显示的文字。

10.4 FTP 服务

10.4.1 FTP 客户机/服务器模型

FTP（File Transfer Protocol，文件传输协议）主要用于网络上文件的双向传输，通常称为"下载"和"上传"。

FTP 采用客户机/服务器模式，客户机与服务器之间利用 TCP 建立连接。与其他连接不同，FTP 需要建立双重连接，一种是控制文件传输的命令，称为控制连接；另一种是实现真正的文件传输，称为数据连接。

客户端希望与 FTP 服务器建立上传/下载的数据传输时，它首先向 FTP 服务器的 TCP 21 端口发起一个建立连接的请求，FTP 服务器接受来自客户端的请求，完成连接的建立，这样的连接就称为 FTP 控制连接。

FTP 控制连接建立之后，即可开始传输文件，传输文件的连接称为 FTP 数据连接。FTP 数据连接就是 FTP 传输数据的过程。

用户在使用 FTP 传输数据时，整个 FTP 建立连接的过程如下。

（1）FTP 服务器会自动对默认端口（21）进行监听，当某个客户端向这个端口请求建立连接时，便激活了 FTP 服务器上的控制进程。通过这个控制进程，FTP 服务器对连接用户名、密码及连接权限进行身份验证。

（2）当 FTP 服务器身份验证完成以后，FTP 服务器和客户端之间还会建立一条传输数据的专有连接。

（3）FTP 服务器在传输数据过程中的控制进程将一直工作，并不断发出指令控制整个 FTP 传输数据，传输完毕后，控制进程向客户端发送结束指令。

以上就是 FTP 建立连接的整个过程，在建立数据传输的连接时一般有两种方法，即主动模式和被动模式。

主动模式的数据传输专有连接是在建立控制连接（用户身份验证完成）后，首先由 FTP 服务器使用端口 20 主动向客户端进行连接，建立专用传输数据的连接，这种方式在网络管理上比较好控制。FTP 服务器上的端口 21 用于用户验证，端口 20 用于数据传输，只要将这两个端口开放就可以使用 FTP 功能，此时客户端只是处于接收状态。

被动模式与主动模式不同，数据传输专有连接是在建立控制连接（用户身份验证完成）后由客户端向 FTP 服务器发起连接的。客户端使用哪个端口和连接到 FTP 服务器的哪个端口都是随机产生的。FTP 服务器并不参与数据的主动传输，只是被动接受。

10.4.2　FTP 文件格式

FTP 协议支持两种文件传输方式：文本文件传输和二进制文件传输。

（1）文本文件传输。文本文件分为 ASCII 文件类型和 EBCDIC 文件类型。ASCII 文件的传输采用虚拟终端 NVT 的形式在数据连接中传输，而 EBCDIC 要求双方均采用 EBCDIC 编码系统。

（2）二进制（Binary）文件传输（图像文件类型），不需要对文件格式进行转换，按原始文件相同的位序以比特流的方式进行传输，确保复制文件与原始文件逐位一一对应。

10.4.3　用户接口

FTP 没有对用户接口进行定义，因此存在多种形式的接口。用户使用的接口命令通常有 3 种：传统的 FTP 命令、浏览器和下载工具。

（1）传统的 FTP 命令。传统的 FTP 命令是在 DOS 命令行窗口中使用的命令。例如，ftp 命令表示进入 ftp 会话；quit 或 bye 命令表示退出 ftp 会话；close 命令表示中断与服务器的 ftp 连接；pwd 命令表示显示远程主机的当前工作目录；等等。

（2）浏览器。在 WWW 中，采用"FTP://URL 地址"格式访问 FTP 站点。

（3）下载工具。下载工具通过支持断点续传等功能提高下载速度，常用的下载工具有 CuteFTP、FlashFXP 等。

10.4.4　FTP 访问控制

FTP 服务器利用用户账号控制用户对服务器的访问权限。用户在访问 FTP 服务器前必须先登录，登录时给出用户在 FTP 服务器上的合法账户和密码。

FTP 的这种访问方式限制了 Internet 上一些公用文件及资源的发布，因此，Internet 上大多为用户提供匿名 FTP 服务。

所谓匿名服务，是指用户访问 FTP 服务器时，不需要输入账户和密码或使用匿名的账号（Anonymous）和密码。匿名 FTP 服务是 Internet 上发布软件常用的方法之一。

10.5 本章实训

10.5.1 实训1：DHCP服务器的配置

1. 实训目标

（1）理解DHCP的基本概念和工作原理。

（2）掌握Windows Server 2008操作系统中DHCP服务器的安装和配置方法。

（3）掌握DHCP客户端的设置方法。

2. 完成实训所需的设备和软件

（1）安装Windows Server 2008操作系统的服务器1台。

（2）安装Windows 7操作系统的计算机2台（PC1、PC2）。

（3）交换机1台，直通线3根。

3. 网络拓扑结构

为了完成本次实训，搭建如图10-6所示的网络拓扑结构。

图10-6　网络拓扑结构

4. 实施步骤

（1）硬件连接。

如图10-6所示，用3根直通线分别将服务器、PC1、PC2连接到交换机，检查网卡和交换机的相应指示灯是否亮起，判断网络是否正常联通。

（2）配置TCP/IP协议。

配置服务器的IP地址为192.168.3.10，子网掩码为255.255.255.0。配置PC1、PC2自动获得IP地址和DNS服务器地址。

（3）安装DHCP服务。

步骤1：在安装Windows Server 2008操作系统的服务器上，选择"开始"→"管理工具"→"服务器管理器"命令，打开"服务器管理器"窗口，选择左窗格中的"角色"选项，单击右窗格中的"添加角色"。

步骤 2：在打开的"添加角色向导"对话框中有相关说明和注意事项，单击"下一步"按钮，出现"选择服务器角色"界面，如图 10-7 所示，选中"DHCP 服务器"复选框。

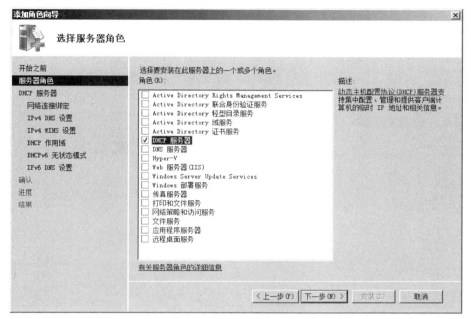

图 10-7　"选择服务器角色"界面

步骤 3：单击"下一步"按钮，出现"DHCP 服务器"界面，可以查看 DHCP 服务器简介以及安装时相关的注意事项。

步骤 4：单击"下一步"按钮，出现"选择网络连接绑定"界面，如图 10-8 所示，选择向客户端提供服务的网络连接（"192.168.3.10"复选框）。

图 10-8　"选择网络连接绑定"界面

步骤 5：单击"下一步"按钮，出现"指定 IPv4 DNS 服务器设置"界面，如图 10-9 所示，在"父域"文本框中输入"tzkj.com"，在本地网络的"首选 DNS 服务器 IPv4 地址"文本框中输入"192.168.3.10"。

图 10-9　"指定 IPv4 DNS 服务器设置"界面

步骤 6：单击"下一步"按钮，出现"指定 IPv4 WINS 服务器设置"界面，选中"此网络上的应用程序不需要 WINS"单选按钮。

步骤 7：单击"下一步"按钮，出现"添加或编辑 DHCP 作用域"界面。

步骤 8：单击"添加"按钮，打开"添加作用域"对话框，如图 10-10 所示，在"作用域名称"文本框中输入"内网"，在"起始 IP 地址"文本框中输入"192.168.3.1"，在"结束 IP 地址"文本框中输入"192.168.3.254"，在"子网掩码"文本框中输入"255.255.255.0"，在"默认网关"文本框中输入"192.168.3.1"，选中"激活此作用域"复选框。

图 10-10　"添加作用域"对话框

步骤 9：单击"确定"按钮，返回"添加或编辑 DHCP 作用域"界面，单击"下一步"按钮，出现"配置 DHCPv6 无状态模式"界面，选中"对此服务器禁用 DHCPv6 无状态模式"单选按钮。

步骤 10：单击"下一步"按钮，出现"确认安装选择"界面，如果发现设置存在问题，则可以单击"上一步"按钮重新设置。

步骤 11：单击"安装"按钮，开始安装 DHCP 服务器。安装完成后，出现"安装结果"界面，提示 DHCP 服务器已经安装成功，单击"关闭"按钮。

（4）配置 DHCP 服务器。

步骤 1：选择"开始"→"管理工具"→"DHCP"命令，打开"DHCP"窗口。

步骤 2：新建排除范围。展开服务器名（server）→IPv4→作用域[192.168.3.0]内网，右击"地址池"选项，在弹出的快捷菜单中选择"新建排除范围"命令，如图 10-11 所示。

图 10-11　新建排除范围

步骤 3：在打开的"添加排除"对话框中，输入需要排除的 IP 地址范围 192.168.3.1～192.168.3.10 后，如图 10-12 所示，单击"添加"按钮，添加完成后，单击"关闭"按钮。

图 10-12　"添加排除"对话框

步骤 4：修改 DHCP 客户端的租用期限。右击"作用域[192.168.3.0]内网"选项，在弹出的快捷菜单中选择"属性"命令，打开"作用域[192.168.3.0]内网 属性"对话框，如图 10-13 所示。

步骤 5：DHCP 客户端的租用期限默认为 8 天，把租用期限改为 3 天，单击"确定"按钮。

步骤 6：为客户端保留特定的 IP 地址。在 PC1 客户机上执行"ipconfig/all"命令，记下 PC2 中网卡的 MAC 地址（如"00-0C-29-04-61-3E"）。

步骤 7：在 DHCP 服务器的"DHCP"窗口中，右击"作用域[192.168.3.0]内网"选项中的"保留"选项,在弹出的快捷菜单中选择"新建保留"命令,打开"新建保留"对话框,如图 10-14 所示。

图 10-13 "作用域[192.168.3.0]内网 属性"对话框   图 10-14 "新建保留"对话框

步骤 8:在"保留名称"文本框中输入"保留 100",在客户机的"IP 地址"文本框中输入"192.168.3.100",在"MAC 地址"文本框中输入"00-0C-29-04-61-3E",在"描述"文本框中输入"网管机使用"后,再选中"DHCP"单选按钮。

步骤 9:单击"添加"按钮,添加完成后,单击"关闭"按钮。

(5)DHCP 客户端的配置与测试。

步骤 1:设置 PC1、PC2 客户机为"自动获得 IP 地址"和"自动获得 DNS 服务器地址"。

步骤 2:在 PC1 中,运行"ipconfig/all"命令查看 IP 地址的自动获得,如图 10-15 所示,可见,其 IP 地址是按上述设置的保留地址获得的。

图 10-15 PC1 客户机的 IP 地址

步骤 3：在 PC2 中，运行"ipconfig"命令查看 IP 地址的自动获得。

步骤 4：在 PC1、PC2 中，运行"ipconfig/release"命令可以释放获得的 IP 地址；运行"ipconfig/renew"命令可以重新获得 IP 地址。

步骤 5：在 DHCP 服务器的"DHCP"窗口中，选择"作用域[192.168.3.0]内网"中的"地址租用"选项，就可以看到从当前 DHCP 服务器的当前作用域中租用 IP 地址的租约，如图 10-16 所示。

图 10-16　IP 地址租约

10.5.2　实训 2：DNS 服务器的配置

1．实训目标

（1）理解 DNS 的基本概念和工作原理。

（2）掌握 Windows Server 2008 操作系统中 DNS 服务器的安装和配置方法。

（3）掌握 DNS 服务器的测试方法。

2．网络拓扑结构

为了完成本次实训，搭建如图 10-6 所示的网络拓扑结构。

3．实施步骤

（1）硬件连接。

如图 10-6 所示，用 3 根直通线分别将服务器、PC1、PC2 连接到交换机，检查网卡和交换机的相应指示灯是否亮起，判断网络是否正常联通。

（2）配置 TCP/IP 协议。

配置服务器的 IP 地址为 192.168.3.10，子网掩码为 255.255.255.0。启用服务器中的 DHCP 服务，并配置 PC1、PC2 自动获得 IP 地址和 DNS 服务器地址。

（3）添加 DNS 服务器角色。

如果在"开始"→"管理工具"菜单中找不到 DNS 命令，则需要手动添加 DNS 服务器角色。可在"服务器管理器"窗口中添加 DNS 服务器角色，添加过程与添加 DHCP 服务器角色基本相同，此处不再赘述。

添加完毕后在"管理工具"菜单中会出现 DNS 命令。

（4）在"正向查找区域"内建立主要区域。

步骤 1：选择"开始"→"管理工具"→"DNS"命令，打开"DNS 管理器"窗口。

步骤 2：展开"DNS"→"SERVER"→"正向查找区域"，右击"正向查找区域"选项，在弹出的快捷菜单中选择"新建区域"命令，如图 10-17 所示。

图 10-17　新建正向查找区域

说 明　DNS 区域分为两大类，即正向查找区域和反向查找区域。其中，正向查找区域用于域名到 IP 地址的映射，当 DNS 客户端请求解析某个域名时，DNS 服务器在正向查找区域中进行查找，并返回 DNS 客户端对应的 IP 地址；反向查找区域用于 IP 地址到域名的映射，当 DNS 客户端请求解析某个 IP 地址时，DNS 服务器在反向查找区域中进行查找，并返回 DNS 客户端对应的域名。

步骤 3：在打开的"新建区域向导"对话框中，单击"下一步"按钮，出现"区域类型"界面，如图 10-18 所示，选中"主要区域"单选按钮。

说 明

（1）在 DNS 服务器设计中，针对每一个区域总是建议用户至少使用两台 DNS 服务器进行管理，其中一台作为主要 DNS 服务器，而另外一台作为辅助 DNS 服务器。

（2）主要区域的区域数据存放在本地文件中，只有主要 DNS 服务器可以管理此 DNS 区域。这意味着当主要 DNS 服务器出现故障时，此主要区域不能再进行修改。但是，辅助 DNS 服务器还可以答复 DNS 客户端的 DNS 解析请求。

（3）当 DNS 服务器管理辅助区域时，它将成为辅助 DNS 服务器。使用辅助 DNS 服务器的好处在于可以实现负载均衡和避免单点故障。

（4）管理存根区域的 DNS 服务器称为存根 DNS 服务器。一般情况下，不需要单独部署存根 DNS 服务器，而是和其他 DNS 服务器类型合用。

图 10-18　"区域类型"界面

步骤 4：单击"下一步"按钮，出现"区域名称"界面，如图 10-19 所示，在"区域名称"文本框中输入"tzkj.com"。

图 10-19　"区域名称"界面

步骤 5：单击"下一步"按钮，出现"区域文件"界面，如图 10-20 所示。因为创建的是新区域，在这里选中"创建新文件，文件名为"单选按钮。文本框中已自动填入了以域名为文件名的 DNS 文件，该文件的默认文件名为 tzkj.com.dns（区域名+.dns），它被保存在%SystemRoot%\system32\dns 文件夹中。

如果要使用已有的区域文件，可先选中"使用此现存文件"单选按钮，然后将该现存的文件复制到%SystemRoot%\system32\dns 文件夹中即可。

步骤 6：单击"下一步"按钮，出现"动态更新"界面。如果选中"允许非安全和安全动态更新"单选按钮，表示任何客户端都接受资源记录的动态更新，则该设置存在安全隐患。这里选中"不允许动态更新"单选按钮，表示不接受资源记录的动态更新，更新记录必须手动进行。

图 10-20　"区域文件"界面

步骤 7：单击"下一步"按钮，再单击"完成"按钮，新区域"tzkj.com"已添加到"正向查找区域"中。

（5）在主要区域内新建资源记录。

① 新建主机记录。

步骤 1：在"正向查找区域"中，右击要新建主机记录的区域名，如"tzkj.com"，在弹出的快捷菜单中选择"新建主机"命令，打开"新建主机"对话框，如图 10-21 所示。

图 10-21　"新建主机"对话框

步骤 2：在"名称"文本框中输入新增主机记录的名称，如"dns"，"完全限定的域名"自动变为"dns.tzkj.com"。在"IP 地址"文本框中输入新增主机的 IP 地址，如"192.168.3.10"。如果新增主机的 IP 地址与 DNS 服务器的 IP 地址在同一个子网中，并且有反向查找区域，则可以选中"创建相关的指针（PTR）记录"复选框，这样会在反向查找区域中自动添加一个搜索记录。这里不选中"创建相关的指针（PTR）记录"复选框。

步骤 3：单击"添加主机"按钮，再单击"完成"按钮，该主机的名称、类型及 IP 地址就会显示在"DNS 管理器"窗口中，如图 10-22 所示。

图 10-22　新建主机记录后的"DNS 管理器"窗口

步骤 4：重复以上步骤，将多台主机的信息输入此区域内。

② 新建主机别名。

当一台主机需要使用多个主机名称时，可以为该主机设置别名。例如，一台主机（dns.tzkj.com）用作 DNS 服务器时名为 dns.tzkj.com，用作 DHCP 服务器时名为 dhcp.tzkj.com，用作 Web 服务器时名为 www.tzkj.com，而用作 FTP 服务器时名为 ftp.tzkj.com，但这些名称都是指同一 IP 地址（192.168.3.10）的主机。

步骤 1：在"正向查找区域"中，右击想要新建主机别名的区域名，如 tzkj.com，在弹出的快捷菜单中选择"新建别名"命令，打开"新建资源记录"对话框，如图 10-23 所示。

图 10-23　"新建资源记录"对话框

步骤 2：在"别名"文本框中输入别名"dhcp"，然后输入目的主机的完全合格的域名"dns.tzkj.com"（也可以通过单击"浏览"按钮进行选择），单击"确定"按钮完成别名设置。

步骤 3：使用相同的方法，新建别名 www、ftp 等。图 10-24 显示"dns.tzkj.com"的别名为"dhcp.tzkj.com"、"www.tzkj.com"和"ftp.tzkj.com"。

图 10-24　新建主机别名后的"DNS 管理器"窗口

（6）在"反向查找区域"内建立主要区域。

步骤 1：展开"反向查找区域"选项后，右击"反向查找区域"选项，在弹出的快捷菜单中选择"新建区域"命令，打开"新建区域向导"对话框。

步骤 2：单击"下一步"按钮，出现"区域类型"界面，选中"主要区域"单选按钮。

步骤 3：单击"下一步"按钮，出现"反向查找区域名称"界面，选中"IPv4 反向查找区域"单选按钮。

步骤 4：单击"下一步"按钮，在图 10-25 所示的界面中输入网络 ID（如"192.168.3."），这时会自动在"反向查找区域名称"文本框中显示"3.168.192.in-addr.arpa"。

图 10-25　输入网络 ID

步骤 5：单击"下一步"按钮，出现"区域文件"界面，如图 10-26 所示，选中"创建新文件，文件名为"单选按钮，下面的文本框中会自动填入以反向查找区域名称为文件名的 DNS 文件，即"3.168.192.in-addr.arpa.dns"文件。

步骤 6：单击"下一步"按钮，选中"不允许动态更新"单选按钮，再单击"下一步"按钮，最后单击"完成"按钮完成设置。"3.168.192.in-addr.arpa"就添加到"反向查找区域"中，如图 10-27 所示。

图 10-26 "区域文件"界面

图 10-27 新建反向查找区域后的"DNS 管理器"窗口

（7）在"反向查找区域"内建立指针记录。

步骤 1：在图 10-27 中，右击"反向查找区域"中的"3.168.192.in-addr.arpa"，在弹出的快捷菜单中选择"新建指针"命令，打开"新建资源记录"对话框，如图 10-28 所示。

图 10-28 "新建资源记录"对话框

步骤 2：在"主机 IP 地址"文本框中输入主机 IP 地址，如"192.168.3.10"。在"主机名"文本框中输入指针指向的域名，如"dns.tzkj.com"，也可通过单击"浏览"按钮进行选择。

步骤 3：单击"确定"按钮，完成指针记录的建立，结果如图 10-29 所示。

图 10-29　新建指针记录后的"DNS 管理器"窗口

说明　在"正向查找区域"建立主机记录时，可以顺便在"反向查找区域"建立一条反向记录，在图 10-21 所示的对话框中选中"创建相关的指针（PTR）记录"复选框即可。但在选中此复选框时，相对应的"反向查找区域"必须已经存在。

（8）DNS 服务器的测试。

步骤 1：关闭 DNS 服务器上的防火墙，设置 PC1 或 PC2 自动获得 IP 地址和 DNS 服务器地址。

在本章的实训 1 中，已设置 DHCP 服务器为客户机分配 IP 地址，并已设置"首选 DNS 服务器"为"192.168.3.10"。

步骤 2：在 PC1 或 PC2 中运行"ipconfig/all"命令，查看 DNS 服务器的配置情况，确认已配置了 DNS 服务器。

步骤 3：利用 ping 命令检测 DNS 服务器是否能解析 dns.tzkj.com、dhcp.tzkj.com、www.tzkj.com 和 ftp.tzkj.com 等主机域名的 IP 地址，如图 10-30 所示。

图 10-30　利用 ping 命令检测 DNS 服务器

步骤 4：输入"nslookup www.tzkj.com"命令，以检测 DNS 服务器是否能够解析 www.tzkj.com 主机域名的 IP 地址，如图 10-31 所示。

图 10-31 利用 nslookup 命令检测 DNS 服务器

步骤 5：输入"ping -a 192.168.3.10"命令，以检测 DNS 服务器是否能够将 IP 地址解析成主机域名。

步骤 6：输入"ipconfig /displaydns"命令，查看客户机高速缓冲区中的域名与其 IP 地址的映射关系，其中包括域名、类型、生存时间、IP 地址等信息。输入"ipconfig /flushdns"命令，可清除客户机高速缓冲区中的域名与其 IP 地址的映射关系。

10.5.3 实训 3：Web 服务器的配置

观看本实训微课视频
扫一扫二维码

1．实训目标

（1）掌握在 Windows Server 2008 操作系统中安装和配置 IIS 的方法。

（2）掌握虚拟目录的设置和使用方法。

2．网络拓扑结构

为了完成本次实训，搭建如图 10-6 所示的网络拓扑结构。

3．实施步骤

（1）硬件连接。

如图 10-6 所示，用 3 根直通线分别将服务器、PC1、PC2 连接到交换机，检查网卡和交换机的相应指示灯是否亮起，判断网络是否正常联通。

（2）配置 TCP/IP 协议。

配置服务器的 IP 地址为 192.168.3.10，子网掩码为 255.255.255.0。启用服务器中的 DHCP 和 DNS 角色服务，并配置 PC1、PC2 自动获得 IP 地址和 DNS 服务器地址。

（3）安装 Web 服务器（IIS）角色。

在默认情况下，Windows Server 2008 操作系统中并没有安装 IIS 角色，所以需要手动安装，安装方法如下。

步骤 1：在安装 Windows Server 2008 操作系统的服务器上，选择"开始"→"管理工具"→"服务器管理器"命令，打开"服务器管理器"窗口，选择左窗格中的"角色"选项，单击右窗格中的"添加角色"。

步骤 2：在打开的"添加角色向导"对话框中有相关说明和注意事项，单击"下一步"按钮，出现"选择服务器角色"界面，如图 10-32 所示，选中"Web 服务器（IIS）"复选框。

图 10-32　"选择服务器角色"界面

步骤 3：单击"下一步"按钮，出现"Web 服务器（IIS）"界面，可以查看 Web 服务器简介以及安装时相关的注意事项。

步骤 4：单击"下一步"按钮，出现"选择角色服务"界面，默认只选择安装 Web 服务所必需的角色服务，这里选中所有的"角色服务"选项，如图 10-33 所示。

提　示　如果选中"FTP 服务器"复选框，则在安装 Web 服务器的同时也安装了 FTP 服务器。

步骤 5：单击"下一步"按钮，出现"确认安装选择"界面，显示了前面所进行的设置，检查设置是否正确。

步骤 6：单击"安装"按钮，开始安装 Web 服务器和 FTP 服务器，安装完成后，出现"安装结果"界面，单击"关闭"按钮完成安装。

（4）测试 Web 服务器（IIS）的可用性。

安装好 Web 服务器（IIS）后，需要测试其可用性。

图 10-33 "选择角色服务"界面

步骤 1：在本机中打开 IE 浏览器，在地址栏中输入"http://127.0.0.1"或"http://localhost"，然后按 Enter 键。如果在网络上的其他计算机中进行测试，需要在地址栏中输入"http://Web"站点的域名或"http:// Web"站点的 IP 地址。

步骤 2：如果能打开如图 10-34 所示的网页，则说明测试成功，该网页内容对应 IIS 中默认网站中的 iisstart.htm 文件。

图 10-34 IIS 测试成功

（5）新建 Web 网站。

步骤 1：停止默认网站（Default Web Site）。选择"开始"→"管理工具"→"Internet 信息服务（IIS）管理器"命令，打开"Internet 信息服务（IIS）管理器"窗口。展开"SERVER"→"网站"节点，右击"Default Web Site"选项，在弹出的快捷菜单中选择"管理网站"→"停止"命令，即可停止正在运行的默认网站，如图 10-35 所示。停止后默认网站的状态显示为"已停止"。

图 10-35　停止默认网站（Default Web Site）

步骤 2：准备 Web 网站内容。新建 C:\myweb 文件夹作为网站的主目录，使用记事本、Dreamweaver 等软件制作一个简单的网页文件 index.htm（内容可以设为"您好，这是 192.168.3.10 上的主页。"），并将该文件保存在 C:\myweb 文件夹中。默认网站的主目录为"C:\inetpub\wwwroot"。

步骤 3：在"Internet 信息服务（IIS）管理器"窗口中展开"SERVER"节点，右击"网站"选项，在弹出的快捷菜单中选择"添加网站"命令，如图 10-36 所示。

图 10-36　"添加网站"命令

步骤 4：在打开的"添加网站"对话框中，指定"网站名称"为"myweb"，"物理路径"为"C：\myweb"，"类型"为"http"，"IP 地址"为"192.168.3.10"，"端口"为"80"，选中"立即启动网站"复选框，如图 10-37 所示，单击"确定"按钮完成 Web 网站的创建。

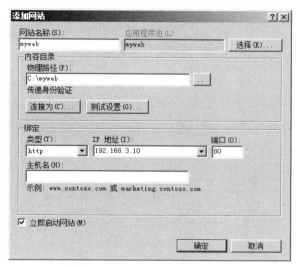

图 10-37　"添加网站"对话框

（6）设置网站属性。

步骤 1：在"Internet 信息服务（IIS）管理器"窗口中，选中左窗格中的"myweb"网站，在"功能视图"中向下滚动窗口，找到并双击"默认文档"图标，如图 10-38 所示。

图 10-38　"默认文档"图标

步骤 2：在出现的"默认文档"界面中，选中"index.htm"，多次单击右窗格中的"上移"，将"index.htm"移至顶端，如图 10-39 所示。

图 10-39　将 index.htm 文件移至顶端

步骤 3：在本机（或客户端）IE 浏览器的地址栏中输入"http://192.168.3.10"或"http://wwww.tzkj.com"，即可浏览网站主页，如图 10-40 所示。

图 10-40　网站主页

（7）设置虚拟目录。

从主目录发布网站信息存在一定的安全隐患。要从主目录以外的目录发布信息，可以通过创建虚拟目录实现。虚拟目录是物理上未包含在主目录中的目录，但客户端浏览器却认为是包含在主目录中的目录。

虚拟目录有一个别名，可供 Web 浏览器访问此目录时使用。使用别名可使 Web 站点更安全，因为用户无法知道文件存放的确切位置。使用别名也可以更方便地移动站点中的目录。一旦要更改目录的 URL，只需要更改别名与目录实际位置的映射即可。

步骤 1：建立虚拟目录。在"Internet 信息服务（IIS）管理器"窗口中，右击"myweb"选项，在弹出的快捷菜单中选择"添加虚拟目录"命令，打开"添加虚拟目录"对话框，如图 10-41 所示。

步骤 2：在"别名"文本框中输入虚拟目录的别名，如"web"，在"物理路径"文本框中输入网站内容所在的目录路径，如"C:\myweb"，也可通过单击右侧的按钮进行选择。单击"确定"按钮即可完成虚拟目录的设置。

至此，已创建好指向实际目录（如"C:\myweb"）的虚拟目录 web。

图 10-41　"添加虚拟目录"对话框

步骤 3：在本机（或客户端）IE 浏览器的地址栏中输入"http://192.168.3.10/web"或"http://www.tzkj.com/web"，即可浏览网站主页，如图 10-42 所示。

图 10-42　通过虚拟目录访问网站主页

10.5.4　实训 4：FTP 服务器的配置

1．实训目标

（1）掌握 IIS 中 FTP 服务器的安装和配置方法。

（2）掌握 FTP 客户端的使用方法。

2．网络拓扑结构

为了完成本次实训，搭建如图 10-6 所示的网络拓扑结构。

3．实施步骤

（1）硬件连接。

如图 10-6 所示，用 3 根直通线分别将服务器、PC1、PC2 连接到交换机，检查网卡和交换机的相应指示灯是否亮起，判断网络是否正常联通。

（2）配置 TCP/IP 协议。

配置服务器的 IP 地址为 192.168.3.10，子网掩码为 255.255.255.0。启用服务器中的 DHCP 和 DNS 服务，并配置 PC1、PC2 自动获得 IP 地址和 DNS 服务器地址。

（3）新建 FTP 站点。

在本章实训 3 中安装 Web 服务器（IIS）角色时，同时安装了 FTP 服务器角色服务。默认 FTP 站点的主目录是 C:\inetpub\ftproot，所以只要将需要实现共享的文件复制到该主目录中，用户即可通过 FTP 客户端以匿名方式登录到该 FTP 服务器下载共享文件。由于在默认状态下 FTP 主目录为只读方式，所以用户只能下载而无法上传共享文件。

如果用户希望添加新的 FTP 站点，可以执行以下步骤。

步骤 1：准备 FTP 主目录。新建 C:\myftp 文件夹作为 FTP 站点的主目录，并在该文件夹中新建文件 ftptest.txt 作为测试使用。

步骤 2：在"Internet 信息服务（IIS）管理器"窗口中，右击左窗格中的"网站"选项，在弹出的快捷菜单中选择"添加 FTP 站点"命令，打开"添加 FTP 站点"对话框，如图 10-43 所示。

图 10-43　"添加 FTP 站点"对话框

步骤 3：在"FTP 站点名称"文本框中输入站点名称，如"我的 FTP 站点"，在"物理路径"文件框中输入"C:\myftp"。

步骤 4：单击"下一步"按钮，出现"绑定和 SSL 设置"界面，如图 10-44 所示，指定"IP 地址"为"192.168.3.10"、"端口"为"21"，选中"自动启动 FTP 站点"复选框和 SSL 中的"无"单选按钮。

步骤 5：单击"下一步"按钮，出现"身份验证和授权信息"界面，如图 10-45 所示，选中"匿名"和"读取"复选框，在"允许访问"下拉框中选择"匿名用户"选项，单击"完成"按钮，完成 FTP 站点的设置。

还可创建 FTP 站点的虚拟目录（如 ftp），创建方法可参考本章实训 3 中 Web 站点虚拟目录的创建方法，在此不再赘述。

图 10-44 "绑定和 SSL 设置"界面

图 10-45 "身份验证和授权信息"界面

（4）FTP 站点的访问。

FTP 站点配置完成后，即可在客户端访问 FTP 站点。

步骤 1：在 PC1 或 PC2 上打开 IE 浏览器，在地址栏中输入"ftp://192.168.3.10"或"ftp://ftp.tzkj.com"，此时将在浏览器中显示 FTP 站点主目录中的所有文件和文件夹，如图 10-46所示。

步骤 2：如果已经设置了 FTP 站点的虚拟目录，如虚拟目录名为 ftp，则在地址栏中输入"ftp://192.168.3.10/ftp"或"ftp://ftp.tzkj.com/ftp"，即可查看 FTP 站点主目录中的所有文件和文件夹。

如果 FTP 站点只被授予"读取"权限，则只能浏览与下载该站点中的文件和文件夹；如果 FTP 站点被授予"读取"和"写入"权限，则不仅能够浏览与下载该站点中的文件和文件夹，还可以新建、重命名、删除文件和文件夹，以及上传文件。

图 10-46 在客户端计算机上访问 FTP 服务器

10.6 本章习题

一、选择题

1. _____命令可以手动释放 DHCP 客户端的 IP 地址。

    A．ipconfig   B．ipconfig /renew

    C．ipconfig /all   D．ipconfig /release

2. 某 DHCP 服务器的地址池范围为 192.168.1.101～192.168.1.150，该网段下某 Windows 客户机启动后，自动获得的 IP 地址为 169.254.220.167，其可能的原因是_____。

    A．DHCP 服务器提供保留的 IP 地址

    B．DHCP 服务器不工作

    C．DHCP 服务器设置的租约时间太长

    D．客户机接收到了网段内其他 DHCP 服务器提供的 IP 地址

3. 当 DHCP 客户端使用 IP 地址的时间到达租约的_____时，DHCP 客户端会自动尝试续订租约。

    A．50%   B．70%   C．87.5%   D．100%

4. 在使用 DHCP 服务时，当客户机租约使用时间超过租约的 50%时，客户机会向服务器发送_____数据包，以更新现有的地址租约。

    A．DHCP Discover   B．DHCP Offer

    C．DHCP Request   D．DHCP Ack

5. DHCP 服务器分配给客户机 IP 地址，默认的租用时间是_____。

    A．1 天   B．3 天   C．5 天   D．8 天

6. IIS 的发布目录_____。

    A．只能配置在 C:\inetpub\wwwroot 上

    B．只能配置在本地磁盘上

    C．只能配置在联网的其他计算机上

    D．既能配置在本地的磁盘上，也能配置在联网的其他计算机上

7．域名解析的两种主要方式为_____。

　　A．直接解析和间接解析　　　　　　　B．直接解析和递归解析

　　C．间接解析和迭代解析　　　　　　　D．迭代解析和递归解析

8．在 DNS 系统的资源记录中，类型_____表示别名。

　　A．MX　　　　　　　B．SOA　　　　　　C．CNAME　　　　　D．PTR

9．关于 Internet 的描述，错误的是_____。

　　A．用户利用超文本传输协议使用 Web 服务

　　B．用户利用 NNTP 协议使用电子邮件服务

　　C．用户利用 FTP 协议使用文件传输服务

　　D．用户利用 DNS 协议使用域名解析服务

10．WWW 客户机与 Web 服务器之间的信息传输使用的协议为_____。

　　A．HTML　　　　　　B．HTTP　　　　　　C．SMTP　　　　　D．IMAP

11．如果没有特殊声明，匿名 FTP 服务登录账号为_____。

　　A．user　　　　　　　　　　　　　　　B．anonymous

　　C．guest　　　　　　　　　　　　　　　D．用户自己的电子邮件地址

二、填空题

1．DHCP 的工作过程包括_____、_____、_____、_____4 种报文。

2．在 Windows XP/7 操作系统的 DHCP 客户端无法获得 IP 地址，将自动从 Microsoft 保留地址段_____中选择一个作为自己的地址。

3．在 Windows 环境下，使用_____命令可以查看 IP 地址配置，释放 IP 地址使用_____命令，续订 IP 地址使用_____命令。

4．DNS 顶级域名中表示官方政府单位的是_____。

5．_____表示邮件交换的资源记录。

6．Web 中的目录分为两种类型：物理目录和_____。

7．Web 页面是一种结构化的文档，它一般是采用_____语言书写而成的。

8．有一个域名解析方式，它要求域名服务器系统一次性完成全部名字-地址变换，这种解析方式叫作_____。

9．在 WWW 服务中，用户可以通过使用_____指定要访问的协议类型、主机名和路径及文件名。

10．WWW 服务的 TCP 端口号为_____。

11．FTP 服务器控制连接的端口号为_____，数据连接的端口号为_____。

三、简答题

1．简述 DHCP 的工作过程。

2．简述域名解析的工作过程。

3．域名解析系统中，可采用哪些方法提高解析效率？

4．DNS 常见的资源记录有哪些？

5．FTP 协议支持哪两种文件传输方式？

四、实践操作题

在 Windows 7 操作系统中，通过 IIS 建立一个个人网站。

第11章

防火墙技术

学习目标

（1）了解防火墙的功能和类型。

（2）掌握包过滤防火墙技术。

（3）了解防火墙的应用代理技术、状态检测技术。

（4）掌握 Windows 防火墙中网络位置的作用。

（5）掌握 Windows 防火墙中入站、出站和连接安全规则的创建方法。

11.1 防火墙技术概述

以前构筑和使用木结构房屋时，为了防止火灾的发生和蔓延，人们将坚固的石块堆砌在房屋周围作为屏障，这种防护构筑物被称为防火墙（Firewall）。如今，人们借用了这个概念，使用"防火墙"保护敏感的数据不被窃取和篡改。但这种防火墙是由先进的计算机系统构成的。防火墙犹如一道护栏隔在被保护的内部网络与不安全的非信任网络（外部网络）之间，用来保护计算机网络免受非授权人员的骚扰与黑客的入侵。

防火墙可以是非常简单的过滤器，也可以是精心配置的网关，但它们的原理是一样的，都用于监测并过滤所有内部网络和外部网络之间的信息交换。防火墙通常是运行在一台单独计算机之上的一个特别的服务软件，它可以识别并屏蔽非法的请求，保护内部网络敏感的数据不被偷窃和破坏，并记录内外网通信的有关状态信息，如通信发生的时间和进行的操作等。

防火墙技术是一种有效的网络安全机制，主要用于确定哪些内部服务允许外部访问，以及允许哪些外部服务访问内部服务。其基本准则如下：一切未被允许的就是禁止的；一切未被禁止的就是允许的。

防火墙是建立在现代通信网络技术和信息安全技术基础上的应用性安全技术，并越来越多地应用于专用网络（内网）与公用网络（外网）的互联环境之中。

防火墙应该是不同网络或网络安全域之间信息的唯一出入口，能根据企业的安全策略控制（允许、拒绝、监测）出入网络的信息流，且本身具有较强的抗攻击能力，是提供信息安全服务以及实现网络和信息安全的基础设施。在逻辑上，防火墙既是一个分离器、限制器，也是一个分析器，它能有效监控内部网络和外部网络之间的任何活动，保证了内部网络的安全。防火墙示意图如图 11-1 所示。

图 11-1　防火墙示意图

防火墙具有如下功能。

（1）防火墙是网络安全的屏障。由于只有经过精心选择的应用协议才能通过防火墙，所以防火墙（作为阻塞点、控制点）能极大地提高内部网络的安全性，并通过过滤不安全的服务而降低风险，从而使网络环境变得更安全。防火墙同时可以保护网络免受基于路由的攻击，如 IP 选项中的源路由攻击和 ICMP 重定向中的重定向路径等。

（2）防火墙可以强化网络安全策略。以防火墙为中心的安全方案配置，能将所有安全软件（如密码、加密、身份认证、审计等）配置在防火墙上。与将网络安全问题分散到各台主机上相比，防火墙的集中安全管理更经济。例如，在网络访问时，"一次一密"密码系统（即每一次加密都使用一个不同的密钥）和其他的身份认证系统完全可以集中于防火墙一身。

（3）对网络存取和访问进行监控审计。如果所有的访问都经过防火墙，那么，防火墙就能记录下这些访问并做出日志记录,同时能提供网络使用情况的统计数据。当发生可疑动作时，防火墙能进行适当的报警，并提供网络是否受到探测和攻击的详细信息。另外，收集一个网络的使用和误用情况也是非常重要的，这样可以清楚防火墙是否能够抵挡攻击者的探测和攻击，清楚防火墙的控制是否充分。网络使用统计对网络进行需求分析和威胁分析等也是非常重要的。

（4）防止内部信息的外泄。利用防火墙对内部网络进行划分，可以实现对内部网络重点网段的隔离，从而限制局部重点或敏感网络安全问题对全局网络造成的影响。另外，隐私是内部网络非常关心的问题，一个内部网络中不引人注意的细节可能包含有关安全的线索而引起外部攻击者的兴趣，甚至可能因此暴露内部网络的某些安全漏洞。使用防火墙就可以隐蔽那些透露内部细节的服务，如 Finger（用来查询使用者的资料）、DNS（域名系统）等服务。Finger 显示了主机的所有用户的注册名、真名、最后登录时间和使用 shell 类型等。Finger 显示的信息非常容易被攻击者获悉。攻击者可以由此知道一个系统使用的频繁程度，这个系统是否有用户正在连线上网，以及这个系统是否在被攻击时引起注意等。防火墙可以阻塞有关内部网络中的 DNS 信息，这样一台主机的域名和 IP 地址就不会被外界所了解。除了安全作用，防火墙通常还支持 VPN（虚拟专用网络）。

虽然防火墙能够最大限度地阻止非法入侵，但它也有局域性，存在一些防范不到的地方，具体如下。

（1）防火墙不能防范没有经过防火墙的攻击（例如，如果允许从受保护的网络内部向外拨号，一些用户就可能形成与 Internet 的直接连接）。

（2）目前，防火墙还不能非常有效地防范感染了病毒的软件和文件的传输。

（3）防火墙管理控制的是内部网络与外部网络之间的数据流，所以它不能防范来自内部网络的攻击。防火墙是用来防范外部网络攻击的，也就是防范黑客攻击的。内部网络攻击大多是攻击交换机或网络内部其他计算机的，根本不经过防火墙，所以防火墙就失效了。

11.2　防火墙技术原理

根据防范的方式和侧重点的不同，防火墙技术可分成很多类型，但总体来讲可分为三大类：包过滤技术、代理技术和状态检测技术。

根据防范的方式和侧重点的不同，防火墙技术原理可分成很多类型，但总体来讲可分为三大类：包过滤防火墙、代理防火墙和状态检测防火墙。

11.2.1　包过滤防火墙

包过滤防火墙是目前使用最广泛的防火墙，它工作在网络层和传输层，通常安装在路由器上，对数据包进行过滤选择。通过检查数据流中数据包的源 IP 地址、目的 IP 地址、所用端口号、协议状态等参数，或它们的组合与用户预定的访问控制表中的规则进行比较，从而确定是否允许该数据包通过。如果检查数据包所有的条件都符合规则，则允许通过；如果检查发现数据包的条件不符合规则，则阻止通过并将其丢弃。数据包检查是对网络层的首部和传输层的首部进行过滤，一般需要检查如下几项。

（1）源 IP 地址。

（2）目的 IP 地址。

（3）TCP/UDP 源端口。

（4）TCP/UDP 目的端口。

（5）协议类型（TCP 包、UDP 包、ICMP 包）。

（6）TCP 报头中的 ACK 位。

（7）ICMP 消息类型。

实际上，包过滤防火墙一般允许网络内部的主机直接访问外部网络，而外部网络上的主机对内部网络的访问则要受到限制。

Internet 上的某些特定服务一般都使用相对固定的端口号，因此路由器在设置包过滤规则时指定，但某些端口号允许数据包与该端口交换，或者阻断数据包与它们的连接。

包过滤规则定义在转发控制表中，数据包遵循自上而下的次序依次运用每条规则，直到遇到与其相匹配的规则为止。对数据包可采取的操作有转发、丢弃、报错等。根据不同的实现方式，包过滤可以在进入防火墙时进行，也可以在离开防火墙时进行。

常见的包过滤转发控制表如表 11-1 所示。

表 11-1 常见的包过滤转发控制表

规则序号	传输方向	协议类型	源地址	源端口号	目的地址	目的端口号	控制操作
1	In	TCP	外部	>1023	内部	80	Allow
2	Out	TCP	内部	80	外部	>1023	Allow
3	Out	TCP	内部	>1023	外部	80	Allow
4	In	TCP	外部	80	内部	>1023	Allow
5		Both	*	*	*	*	*	Deny

注：表中的*表示任意。

表 11-1 中的规则 1 和规则 2 允许外部主机访问本站点的 WWW 服务器，规则 3 和规则 4 允许内部主机访问外部的 WWW 服务器。由于服务器可能使用非标准端口号，所以为防火墙允许的配置带来一些麻烦。实际使用的防火墙都直接对应用协议进行过滤，即管理员可在规则中指明是否允许 HTTP 通过，而不是只关注 80 端口。

规则 5 表示除了规则 1 至规则 4 允许的数据包通过，其他所有数据包一律禁止通过，即一切未被允许的就是禁止的。

包过滤防火墙的优点是简单、方便、速度快，对用户透明，对网络性能影响不大。其缺点是：不能彻底防止 IP 地址欺骗；一些应用协议不适合使用数据包过滤；缺乏用户认证机制；正常的数据包过滤路由器无法执行某些安全策略。因此，包过滤防火墙的安全性较差。

11.2.2 代理防火墙

首先介绍代理服务器，代理服务器作为一个为用户保密或突破访问限制的数据转发通道，在网络上应用十分广泛。一个完整的代理设备包含一个代理服务器端和一个代理客户端，代理服务器端接收来自用户的请求,调用自身的代理客户端模拟一个基于用户请求的连接目的服务器，再把目的服务器返回的数据转发给用户，完成一次代理工作过程。代理防火墙的工作过程如图 11-2 所示。

图 11-2 代理防火墙的工作过程

也就是说，代理服务器通常运行在两个网络之间，是客户机和真实服务器之间的中介，代理服务器彻底隔断内部网络与外部网络的"直接"通信，内部网络的客户机对外部网络的服务器的访问变成代理服务器对外部网络的服务器的访问,然后由代理服务器转发给内部网络的客户机。对内部网络的客户机来说，代理服务器像是一台服务器;而对外部网络的服务器来说，代理服务器又像是一台客户机。

如果在一台代理设备的代理服务器端和代理客户端之间采取过滤措施，就成了"应用代理"防火墙，这种防火墙实际上就是一台小型的带有数据"检测、过滤"功能的透明代理服务器，但是并不是单纯地在一个代理设备中嵌入包过滤技术，而是一种被称为应用协议分析（Application Protocol Analysis）的技术。所以，经常把代理防火墙称为代理服务器、应用网关。代理防火墙工作在应用层，适用于某些特定的服务，如 HTTP、FTP 等。代理防火墙的工作原理如图 11-3 所示。

图 11-3　代理防火墙的工作原理

应用协议分析技术工作在 OSI 参考模型的应用层上，在这一层能接触到的所有数据都是最终形式，也就是说，防火墙"看到"的数据与最终用户看到的是一样的，而不是一个个带着地址、端口、协议等原始内容的数据包，因此可以实现更高级的数据检测过程。

应用协议分析模块根据应用层协议处理这个数据，通过预置的处理规则查询这个数据是否带有危害。由于这一层面对的已经不再是组合有限的报文协议，可以识别 HTTP 头中的内容，如进行域名的过滤，甚至可识别类似于"GET /sql.asp?id=1 and 1"的数据内容，所以防火墙不仅能根据数据应用层提供的信息判断数据，更能像管理员分析服务器日志那样"看"内容辨别危害。

代理防火墙实际上就是一台小型的带有数据"检测、过滤"功能的透明"代理服务器"，有时人们把代理防火墙也称为代理服务器。代理服务器工作在应用层，针对不同的应用协议，需要建立不同的服务代理，如 HTTP 代理、FTP 代理、POP3 代理、Telnet 代理、SSL 代理、Socks 代理等。

代理防火墙的特点是完全"阻隔"了网络通信流，通过对每种应用服务编制专门的代理程序，实现对应用层通信流的监视和控制。与包过滤防火墙的不同之处在于，内部网络和外部网络之间不存在直接连接，同时提供审计和日志服务。实际的代理防火墙通常由专用工作站来实现，如图 11-4 所示。

代理防火墙是内部网络与外部网络的隔离点，工作在 OSI 参考模型的最高层，掌握着应用系统中可用作安全决策的全部信息，具有监视和隔绝应用层通信流的作用。其优点是可以检查应用层、传输层和网络层的协议特征，对数据包的检测能力比较强；其缺点主要是难于配置和处理速度较慢。

图 11-4　代理防火墙

11.2.3　状态检测防火墙

状态检测技术是基于会话层的技术，对外部的连接和通信行为进行状态检测，阻止具有攻击性的行为，从而可以抵御网络攻击。

Internet 上传输的数据都必须遵循 TCP/IP 协议。根据 TCP 协议，每个可靠连接的建立需要经过"客户端同步请求""服务器应答""客户端再应答" 3 个阶段（即三次握手），如常用的 Web 浏览、文件下载和收发邮件等都要经过这 3 个阶段，反映出数据包并不是独立的，而是前后之间具有密切的状态联系，基于这种状态变化，引出了状态检测技术。

状态检测防火墙摒弃了包过滤防火墙仅检查数据包的 IP 地址等几个参数，而不关心数据包连接状态变化，在防火墙的核心部分建立状态连接表，并将进出网络的数据当成一个个的会话，利用状态连接表跟踪每一个会话状态。状态检测对每一个数据包的检查不仅依据规则表，还考虑了数据包是否符合会话所处的状态，因此提供了完整的对传输层的控制能力。

状态检测技术采用一系列优化技术，使防火墙性能大幅度提升，能应用在各类网络环境中，尤其是在一些规则复杂的大型网络上。任何一款高性能的防火墙都会采用状态检测技术。例如，2000 年北京天融信等公司就开始采用状态检测技术，并在此基础上创新推出了核检测技术，在实现安全目标的同时可以得到极高的性能。

11.3　防火墙体系结构

网络防火墙的安全体系结构基本上可分为 4 种：包过滤路由器防火墙结构；双宿主主机防火墙结构；屏蔽主机防火墙结构；屏蔽子网防火墙结构。

11.3.1　包过滤路由器防火墙结构

在传统的路由器中增加包过滤功能就能形成包过滤路由器防火墙。这种防火墙的好处是完全透明，但由于在单机上实现，所以形成了网络中的"单失效点"。由于路由器的基础功能是转发数据包，一旦过滤机能失效，被入侵就会形成网络直通状态，任何非法访问都可以进入内部网络。这种防火墙尚不能提供有效的安全功能，仅在早期的网络中应用。包过滤路由器防火墙的基本结构如图 11-5 所示。

图 11-5　包过滤路由器防火墙的基本结构

11.3.2　双宿主主机防火墙结构

双宿主主机防火墙由至少具有两个接口（即两块网卡）的双宿主主机（堡垒主机）构成。双宿主主机的一个接口接内部网络，另一个接口接外部网络。内部网络和外部网络之间不能直接通信，必须通过双宿主主机上的应用层代理服务完成，其结构如图 11-6 所示。一旦黑客侵入堡垒主机并使其具有路由功能，防火墙将变得无用。

图 11-6　双宿主主机防火墙结构

双宿主主机防火墙结构的优点是网络结构简单，有较好的安全性，可以实现身份鉴别和应用层数据过滤。但当外部用户入侵堡垒主机时，可能导致内部网络处于不安全状态。

11.3.3　屏蔽主机防火墙结构

屏蔽主机防火墙由包过滤路由器和运行网关软件的堡垒主机构成。该结构提供安全保护的堡垒主机仅与内部网络相连，而包过滤路由器位于内部网络和外部网络之间，如图 11-7 所示。

图 11-7　屏蔽主机防火墙结构

通常在路由器上设立过滤规则，使堡垒主机成为从外部网络唯一可直接到达的主机，这确保了内部网络不受未被授权的外部用户的攻击。屏蔽主机防火墙实现了网络层和应用层的安全，因此比单纯的包过滤防火墙更安全。在这一方式下，正确配置包过滤路由器是这种防火墙安全的关键点。如果路由表遭到破坏，堡垒主机就可能被越过，从而使内部网络完全暴露。

11.3.4　屏蔽子网防火墙结构

屏蔽子网防火墙结构如图 11-8 所示，采用了两个包过滤路由器和一个堡垒主机，在内部网络和外部网络之间建立了一个被隔离的子网，通常称为非军事区（DMZ 区）。可以将各种服务器（如 WWW 服务器、FTP 服务器等）置于 DMZ 区中，解决了服务器位于内部网络带来的不安全问题。

图 11-8　屏蔽子网防火墙结构

由于采用两个路由器进行了双重保护，所以外部攻击数据很难进入内部网络。外部网络的用户通过 DMZ 区中的服务器访问企业的网站，而不需要进入内部网络。在这一配置中，即使堡垒主机被入侵者控制，内部网络仍然受到内部包过滤路由器的保护，避免了"单点失效"的问题。

上述几种防火墙结构是允许调整和改动的，如合并内外路由器、合并堡垒主机和外部路由器、合并堡垒主机和内部路由器等，由防火墙承担合并部分的合并前的功能。

11.4　Windows 防火墙

Windows 7 操作系统内置了 Windows 防火墙，从而为计算机提供保护，以避免计算机遭受外部恶意软件的攻击。

11.4.1　网络位置

在 Windows 7 操作系统中，不同的网络位置可以设置不同的 Windows 防火墙，因此，为了增加计算机在网络中的安全性，管理员应将计算机设置在适当的网络位置。可以选择的网络位置主要包括专用网络、公用网络、域网络，共 3 种，如图 11-9 所示。

1．专用网络

专用网络包含家庭网络和工作网络。在该网络位置中，系统会启用网络搜索功能，从而使用户在本地计算机上可以找到网络上的其他计算机；同时，设置 Windows 防火墙（开放传入的网络搜索流量）可以使网络内其他用户能够浏览到本地计算机。

2．公用网络

公用网络主要是指外部的不安全的网络（如机场、咖啡店的网络）。在该网络位置中，系统会通过 Windows 防火墙的保护，使其他用户无法在网络上浏览到本地计算机，并可以阻止来自 Internet 的攻击行为；同时会禁用网络搜索功能，使用户在本地计算机上无法找到网络上的其他计算机。

图 11-9　Windows 防火墙

3．域网络

如果计算机加入域，则其网络位置会自动被设置为域网络，并且无法自行更改。

更改计算机的网络位置为"公用"或"专用"，其实是应用了 Windows 防火墙的不同配置文件。

11.4.2　高级安全性

具有高级安全性的 Windows 防火墙结合了主机防火墙和 IPSec 技术（一种用来通过公共 IP 网络进行安全通信的技术）。与边界防火墙不同，具有高级安全性的 Windows 防火墙可在每台运行 Windows 7/Windows Server 2008 操作系统的计算机上运行，并对可能穿越外围网络或源于组织内部的网络攻击提供本地保护。Windows 防火墙还提供计算机到计算机的安全连接，要求用户对通信过程进行身份验证和数据保护。

具有高级安全性的 Windows 防火墙是一种状态防火墙，它检查并筛选 IPv4 和 IPv6 流量的所有数据包。它默认阻止传入流量，除非是对主机请求（请求的流量）的响应，或者被特别允许（即创建了防火墙规则允许该流量），默认允许传出流量。可以通过指定端口号、应用程序名称、服务名称或其他标准将高级安全 Windows 防火墙配置为显式允许流量。

使用具有高级安全性的 Windows 防火墙还可以请求或要求计算机在通信之前互相进行身份验证，并在通信时使用数据完整性或数据加密。

具有高级安全性的 Windows 防火墙使用两组规则配置其如何响应传入和传出流量，即防火墙规则（入站规则和出站规则）和连接安全规则，如图 11-10 所示。其中，防火墙规则确定允许或阻止哪种流量，连接安全规则确定如何保护此计算机和其他计算机之间的流量。使用防火墙配置文件（根据计算机连接的网络位置）不仅可以应用这些规则及其他设置，还可以监视防火墙活动和规则。

图 11-10　具有高级安全性的 Windows 防火墙

1．防火墙规则

配置防火墙规则以确定阻止还是允许网络流量通过具有高级安全性的 Windows 防火墙。传入数据包到达计算机时，具有高级安全性的 Windows 防火墙检查该数据包，并确定它是否符合防火墙规则中指定的标准。如果数据包与规则中的标准匹配，则具有高级安全性的 Windows 防火墙执行规则中指定的操作，即阻止连接或允许连接。如果数据包与规则中的标准不匹配，则具有高级安全性的 Windows 防火墙丢弃该数据包，并在防火墙日志文件中创建相关条目（如果启用了日志记录）。

对规则进行配置时，可以从各种标准中进行选择，如应用程序名称、系统服务名称、TCP 端口、UDP 端口、本地 IP 地址、远程 IP 地址、配置文件、接口类型（如网络适配器）、用户、用户组、计算机、计算机组、协议、ICMP 类型等。规则中的各项标准添加在一起，添加的标准越多，具有高级安全性的 Windows 防火墙匹配传入流量就越精细。

2．连接安全规则

可以使用连接安全规则配置本计算机与其他计算机之间特定连接的 IPSec 设置。具有高级安全性的 Windows 防火墙使用该规则评估网络通信，然后根据该规则中所建立的标准阻止或允许消息。在某些环境下，具有高级安全性的 Windows 防火墙将阻止通信。如果配置连接安全（双向），而两台计算机无法互相进行身份验证，则将阻止连接。

11.5 本章实训

实训：Windows 防火墙的应用

1．实训目标

（1）了解防火墙的作用。

（2）熟悉 Windows 防火墙的应用。

（3）掌握安全规则的建立方法。

2．完成实训所需的设备和软件

（1）安装 Windows 7 操作系统的计算机两台（PC1 和 PC2），其中一台安装 FTP 服务。

（2）能正常运行的局域网。

3．实施步骤

（1）选择网络位置。

为了增加计算机在网络中的安全性，管理员应该为计算机选择适当的网络位置。

步骤 1：单击屏幕右下角的网络连接图标 ，在打开的列表中单击"打开网络和共享中心"，打开"网络和共享中心"窗口，如图 11-11 所示。

步骤 2：单击目前的网络位置（如"公用网络"），打开"设置网络位置"对话框，单击相应的网络位置（如"工作网络"）即可，如图 11-12 所示。

（2）启用 Windows 防火墙。

步骤 1：选择"开始"→"控制面板"→"系统和安全"→"Windows 防火墙"，打开"Windows 防火墙"窗口，如图 11-13 所示。

图 11-11　"网络和共享中心"窗口

图 11-12　"设置网络位置"对话框

图 11-13　"Windows 防火墙"窗口

步骤 2：单击左窗格中的"打开或关闭 Windows 防火墙"，出现"自定义设置"窗口，如图 11-14 所示，选中"家庭或工作（专用）网络位置设置"和"公用网络位置设置"区域中的"启用 Windows 防火墙"单选按钮，单击"确定"按钮。

说明　在图 11-13 中，单击"使用推荐设置"按钮也可以启用 Windows 防火墙。

图 11-14　"自定义设置"窗口

（3）设置 Windows 防火墙允许 ping 命令响应。

在默认情况下，Windows 防火墙是不允许 ping 命令响应的，即当本地计算机开启 Windows 防火墙时，在网络中的其他计算机上运行 ping 命令，向本地计算机发送数据包，本地计算机将不会应答响应，其他计算机上会出现 ping 命令的"请求超时"错误。如果要让 Windows 防火墙允许 ping 命令响应，可进行如下设置。

步骤 1：在"Windows 防火墙"窗口中，单击"高级设置"，打开"高级安全 Windows 防火墙"窗口，选择左窗格中的"入站规则"选项，然后右击"入站规则"，在弹出的快捷菜单中选择"新建规则"命令，如图 11-15 所示。

图 11-15　"高级安全 Windows 防火墙"窗口

步骤 2：在打开的"新建入站规则向导"对话框中，选中"自定义"单选按钮，如图 11-16 所示。

图 11-16　"新建入站规则向导"对话框

步骤 3：单击"下一步"按钮，出现"程序"界面，选中"所有程序"单选按钮。

步骤 4：单击"下一步"按钮，出现"协议和端口"界面，如图 11-17 所示，选择"协议类型"为"ICMPv4"。

图 11-17 "协议和端口"界面

步骤 5：单击"自定义"按钮，打开"自定义 ICMP 设置"对话框，如图 11-18 所示，选中"特定 ICMP 类型"单选按钮，并在列表框中选中"回显请求"复选框，单击"确定"按钮返回"协议和端口"界面。

图 11-18 "自定义 ICMP 设置"对话框

步骤 6：单击"下一步"按钮，出现"作用域"界面，保持默认设置不变。

步骤 7：单击"下一步"按钮，出现"操作"界面，如图 11-19 所示，选中"允许连接"单选按钮。

图 11-19　"操作"界面

步骤 8：单击"下一步"按钮，出现"配置文件"界面，如图 11-20 所示，选中"域""专用""公用"复选框。

图 11-20　"配置文件"界面

步骤 9：单击"下一步"按钮，出现"名称"界面，如图 11-21 所示，在"名称"文本框输入本规则的名称"Ping OK"，单击"完成"按钮完成"入站规则"的创建。

步骤 10：在其他计算机上 ping 本计算机，测试是否 ping 成功。禁用"Ping OK"入站规则，再次测试是否 ping 成功。

说　明　要允许 ping 命令响应，在入站规则中启用"文件和打印机共享（回显请求-ICMPv4-In）"规则即可。

图 11-21　"名称"界面

（4）设置 Windows 防火墙禁止访问 FTP 站点。

具有高级安全性的 Windows 防火墙默认不阻止出去的流量，但用户可以针对数据包的协议和端口创建相应的出站规则。设置 Windows 防火墙禁止访问 FTP 站点的步骤如下。

步骤 1：在"高级安全 Windows 防火墙"窗口，选择左窗格中的"出站规则"选项，然后右击"出站规则"，在弹出的快捷菜单中选择"新建规则"命令。

步骤 2：在打开的"新建出站规则向导"对话框中，选中"端口"单选按钮。

步骤 3：单击"下一步"按钮，出现"协议和端口"界面，选中"TCP"单选按钮，设置"特定远程端口"为"21"，如图 11-22 所示。

图 11-22　"协议和端口"界面

步骤 4：单击"下一步"按钮，出现"操作"界面，选中"阻止连接"单选按钮。

步骤 5：单击"下一步"按钮，出现"配置文件"界面，选中"域""专用""公用"复选框。

步骤 6：单击"下一步"按钮，出现"名称"界面，在"名称"文本框输入本规则的名称"No FTP-out"，单击"完成"按钮完成"出站规则"的创建。

步骤 7：访问 FTP 站点，测试是否能够访问成功。

注意 如果以前成功访问过 FTP 站点，需要删除访问记录后重新访问。

步骤 8：禁用"No FTP-out"出站规则，重新访问 FTP 站点，测试是否能够访问成功。

（5）设置 Windows 防火墙禁止 QQ 程序访问服务器。

有些应用程序，如 QQ 程序，可以使用多种协议和端口连接服务器。要想禁止 QQ 应用程序访问服务器，可以创建基于应用程序的出站规则进行阻止，操作步骤如下。

步骤 1：在"高级安全 Windows 防火墙"窗口中，右击"出站规则"，在弹出的快捷菜单中选择"新建规则"命令，在打开的"新建出站规则向导"对话框中，选中"程序"单选按钮。

步骤 2：单击"下一步"按钮，出现"程序"界面，选中"此程序路径"单选按钮，然后浏览本机中的 QQ.exe 文件，如图 11-23 所示。

图 11-23　"程序"界面

步骤 3：单击"下一步"按钮，出现"操作"界面，选中"阻止连接"单选按钮。

步骤 4：单击"下一步"按钮，出现"配置文件"界面，选中"域""专用""公用"复选框。

步骤 5：单击"下一步"按钮，出现"名称"界面，在"名称"文本框输入规则名称"NO QQ"，单击"完成"按钮完成"出站规则"的创建。

步骤 6：登录 QQ，会发现 QQ 登录失败。

步骤 7：禁用"NO QQ"出站规则，会发现 QQ 登录成功。

（6）设置 Windows 防火墙进行加密安全通信。

如果要求两台计算机之间进行加密安全通信，可设置连接安全规则，操作步骤如下。

步骤 1：在 PC1 中，右击"连接安全规则"选项，在弹出的快捷菜单中选择"新建规则"

命令，在打开的"新建连接安全规则向导"对话框中，选中"服务器到服务器"单选按钮，如图 11-24 所示。

图 11-24 "新建连接安全规则向导"对话框

步骤 2：单击"下一步"按钮，出现"终结点"界面，添加终结点 1（如 PC1）和终结点 2（如 PC2）的 IP 地址，如图 11-25 所示。

图 11-25 "终结点"界面

步骤 3：单击"下一步"按钮，出现"要求"界面，选中"入站和出站连接要求身份验证"单选按钮，如图 11-26 所示。

图 11-26 "要求"界面

步骤 4：单击"下一步"按钮，出现"身份验证方法"界面，选中"高级"单选按钮，如图 11-27 所示。

图 11-27 "身份验证方法"界面

步骤 5：单击"自定义"按钮，打开"自定义高级身份验证方法"对话框，单击左侧的"添加"按钮，打开"添加第一身份验证方法"对话框，将"预共享密钥"设置为"123456"，如

图 11-28 所示。

图 11-28　"添加第一身份验证方法"对话框

　　步骤 6：单击"确定"按钮，返回"自定义高级身份验证方法"对话框，再单击"确定"按钮，返回"身份验证方法"界面。

　　步骤 7：单击"下一步"按钮，出现"配置文件"界面，选中"域""专用""公用"复选框。

　　步骤 8：单击"下一步"按钮，出现"名称"界面，在"名称"文本框输入本连接安全规则的名称"To PC2"，单击"完成"按钮完成本连接安全规则的创建。

　　步骤 9：在 PC2 中，使用相同的方法新建一条名称为"To PC1"的连接安全规则，注意预共享密钥应一致。

　　步骤 10：在 PC1 中启用"Ping OK"入站规则，在 PC2 中执行"ping 192.168.1.100 -t"命令。

　　步骤 11：在 PC1 或 PC2 中，展开"监视"→"安全关联"→"主模式"选项，查看窗口右侧的主模式内容，如图 11-29 所示，可见 PC1 和 PC2 之间的通信是加密的。

图 11-29　主模式内容

11.6　本章习题

一、选择题

1．为了保障网络安全，防止外部网络对内部网络的侵犯，大多在内部网络与外部网络之间设置_____。

　　A．密码认证　　　　　　B．入侵检测　　　　C．数字签名　　　　D．防火墙

2．_____不是实现防火墙的主流技术。

　　A．包过滤技术　　　　B．应用级网关技术　　C．代理服务器技术　　D．NAT 技术

3．关于防火墙的功能的描述，错误的是_____。

　　A．防火墙可以检查进出内部网络的通信流

　　B．防火墙可以使用应用网关技术在应用层建立协议过滤和转发功能

　　C．防火墙可以使用过滤技术在网络层对数据包进行选择

　　D．防火墙可以阻止来自内部的威胁和攻击

4．关于防火墙的描述，错误的是_____。

　　A．防火墙能隐藏内部 IP 地址

　　B．防火墙能控制进出内部网络的信息流向和信息包

　　C．防火墙能提供 VPN 功能

　　D．防火墙能阻止来自内部网络的威胁

5．关于防火墙技术的描述，正确的是_____。

　　A．防火墙不能支持网络地址转换

　　B．防火墙可以布置在企业内部网络和外部网络之间

　　C．防火墙可以查、杀各种病毒

　　D．防火墙可以过滤各种垃圾文件

6．（多选题）在防火墙的"访问控制"应用中，关于内部网络、外部网络、DMZ 区三者访问关系的说法中错误的是_____。

　　A．内部网络可以访问外部网络　　　　　　B．内部网络可以访问 DMZ 区

　　C．DMZ 区可以访问内部网络　　　　　　D．外部网络可以访问 DMZ 区

7．防火墙是指_____。

　　A．一种特定软件　　　　　　　　　　　B．一种特定硬件

　　C．执行访问控制策略的一组系统　　　　D．一批硬件的总称

8．包过滤防火墙一般不需要检查的部分是_____。

　　A．源 IP 地址和目的 IP 地址　　　　　　B．源端口和目的端口

　　C．协议类型　　　　　　　　　　　　　D．TCP 序列号

9．代理服务作为防火墙技术主要在 OSI 参考模型的_____实现。

　　A．网络层　　　　　　B．表示层　　　　　C．应用层　　　　　D．数据链路层

10．关于屏蔽子网防火墙体系结构中堡垒主机的说法，错误的是_____。

　　A．不属于整个防御体系的核心　　　　　B．位于 DMZ 区

  C．可被认为是应用层网关   D．可以运行各种代理程序

二、填空题

1．防火墙是建立在现代通信网络技术和信息安全技术基础上的应用性安全技术，并越来越多地应用于_____网与_____网之间。

2．根据防范的方式和侧重点的不同，防火墙技术可分成多种类型，但总体来讲可分为三大类：_____、_____和_____。

3．包过滤防火墙根据数据包头中的_____、_____、_____、_____、_____、_____、_____等参数，或它们的组合来确定是否允许该数据包通过。

4．_____实际上就是一台小型的带有数据"检测、过滤"功能的透明"代理服务器"，它工作在应用层，针对不同的应用协议，需要建立不同的服务代理。

5．状态检测防火墙摒弃了包过滤防火墙仅检查数据包的 IP 地址等几个参数，而不关注数据包连接状态变化的缺点，在防火墙的核心部分建立_____表，并将进出网络的数据当成一个个的会话，利用该表跟踪每一个会话状态。

6．在传统的路由器中增加_____功能就能形成包过滤路由器防火墙。

7．双宿主主机防火墙结构具有两个接口，其中一个接口接_____网络，另一个接口接_____网络。

8．屏蔽子网防火墙结构采用了两个包过滤路由器和一个堡垒主机，在内部网络和外部网络之间建立了一个被隔离的子网，通常被称为_____区，可以将_____置于该区中，解决了服务器位于内部网络带来的不安全问题。

9．在 Windows 操作系统中，不同的网络位置可以有不同的 Windows 防火墙设置，可以选择的网络位置主要包括_____、_____、_____，共 3 种。

10．具有高级安全性的 Windows 防火墙是一种状态防火墙，它默认阻止_____流量，默认允许_____流量。

11．具有高级安全性的 Windows 防火墙可以请求或要求计算机在通信之前互相进行_____，并在通信时使用_____或_____。

三、简答题

1．防火墙的主要功能是什么？

2．包过滤防火墙的优点和缺点是什么？

3．阐述防火墙与路由器的区别。

4．防火墙不能防范什么？

四、实践操作题

设计一条防火墙安全规则，防范其他人使用 Telnet（TCP 端口号为 23）登录自己的计算机。

第 12 章

VPN 技术

学习目标

（1）了解 VPN 的概念和作用。
（2）了解 VPN 的分类和处理过程。
（3）了解 VPN 的关键技术和协议。
（4）了解 Windows Server 2008 操作系统的"路由和远程访问"角色。
（5）掌握 VPN 的配置方法。

12.1 VPN 技术概述

虚拟专用网（Virtual Private Network，VPN）是指通过一个公用网络（通常是 Internet）建立的一个临时的安全连接，是一条穿过公用网络的安全、稳定的隧道。VPN 是企业网在 Internet 等公用网络上的延伸，它通过安全的数据通道，帮助远程用户、公司分支机构、商业伙伴及供应商与公司的内部网络建立可信的安全连接，并保证数据的安全传输，构成一个扩展的公司企业网，如图 12-1 所示。VPN 可用于不断增长的移动用户的全球 Internet 接入，以实现安全连接，可用于实现企业网络之间安全通信的虚拟专用线路。

图 12-1 虚拟专用网

通俗来讲，VPN 实际上是"线路中的线路"，类似于城市道路上的"公交专用线"，所不同的是，由 VPN 组成的"线路"并不是物理存在的，而是通过技术手段模拟出来的，是"虚拟"的。但这种虚拟的专用网络技术可以在一条公用线路中为两台计算机建立一个逻辑上的专用"通道"，该通道具有良好的保密性和不受干扰性，使双方能够进行自由而安全的点对点连接，因此得到网络管理员的广泛关注。

Internet 工程任务小组（Internet Engineering Task Force，IETF）已经开始为 VPN 技术制定标准，基于这一标准的产品，将使各种应用场合下的 VPN 具有充分的互操作性和可扩展性。

VPN 可以实现不同网络组件和资源之间的相互连接，利用 Internet 或其他公共互联网络的基础设施为用户创建隧道，并提供与专用网络一样的安全和功能保障。提高 VPN 效用的关键问题在于当用户的业务需求发生变化时，用户可以便捷地调整其 VPN 以适应变化，并且能升级到将来新的 TCP/IP 版本；而那些提供门类齐全的软件、硬件 VPN 产品的供应商，则能提供一些灵活的选择以满足用户的要求。目前的 VPN 产品主要运行在 IPv4 协议之上，但应当具备升级到 IPv6 的能力，同时要保持良好的互操作性。

12.2　VPN 的特点

VPN 是平衡 Internet 的实用性和价格优势的最有前途的通信手段之一。利用共享的 IP 网络建立 VPN 连接，可以使企业减少对昂贵的租用专线和复杂的远程访问方案的依赖性。VPN 具有以下几方面特点。

（1）安全性。用加密技术对经过隧道传输的数据进行加密，以保证数据仅被指定的发送者和接收者了解，从而保证数据的私有性和安全性。

（2）专用性。在非面向连接的公用 IP 网络上建立一个逻辑的、点对点的连接，称为建立一个隧道。

（3）经济性。它可以削减移动用户和一些小型的分支机构的网络开销，不仅可以大幅度削减传输数据的开销，同时可以削减传输语音的开销。

（4）扩展性和灵活性。能够支持通过 Intranet 和 Extranet 的任何类型的数据流，方便增加新的节点，支持多种类型的传输媒介，可以满足同时传输语音、图像和数据等新应用对高质量传输及带宽增加的需求。

12.3　VPN 的处理过程

一条 VPN 连接一般由客户机、隧道和服务器组成。VPN 系统使分布在不同地方的专用网络在不可信任的公用网络上安全通信。它采用复杂的算法加密传输的信息，使敏感的数据不会被窃听。VPN 的处理过程如图 12-2 所示。

（1）需要 VPN 保护的主机发送明文信息到连接公用网络的 VPN 设备。

（2）VPN 设备根据网络管理员设置的规则，确定是否需要对数据进行加密或让数据直接通过。

（3）对需要加密的数据，VPN 设备对整个数据包进行加密和附上数字签名。

（4）VPN 设备加上新的数据报头，其中包括目的地 VPN 设备需要的安全信息和一些初始化参数。

（5）VPN 设备对加密后的数据、鉴别包，以及源 IP 地址、目标 VPN 设备 IP 地址进行重新封装，重新封装后的数据包通过虚拟通道在公用网络上传输。

（6）当数据包到达目标 VPN 设备时，数据包被解封装，数字签名被核对无误后，数据包被解密。

图 12-2　VPN 的处理过程

12.4　VPN 的分类

按照服务类型可将 VPN 分为企业内部虚拟网（Intranet VPN）、企业扩展虚拟网（Extranet VPN）和远程访问虚拟网（Access VPN）3 种类型。

（1）企业内部虚拟网，又称为内联网 VPN，是企业的总部与分支机构之间通过公用网络构建的虚拟专用网。这是一种网络到网络的以对等方式连接所组成的 VPN。Intranet VPN 的安全性取决于两台 VPN 服务器之间的加密和验证手段。图 12-3 所示是一个典型的 Intranet VPN。

图 12-3　Intranet VPN

（2）企业扩展虚拟网，又称为外联网 VPN，是企业间发生收购、兼并或企业间建立战略联盟后，使不同企业网通过公用网络构建的虚拟专用网，如图 12-4 所示。它能保证包括 TCP 和 UDP 服务在内的各种应用服务的安全，如 HTTP、FTP、E-mail、数据库的安全及一些应用程序（如 Java、ActiveX）的安全等。

通常将 Intranet VPN 和 Extranet VPN 统一称为专线 VPN。

图 12-4   Extranet VPN

（3）远程访问虚拟网，又称为拨号 VPN，是指企业员工或企业的小分支机构通过公用网络远程拨号的方式构建的虚拟专用网。典型的远程访问 VPN 是用户通过本地的 Internet 服务提供商（ISP）登录到 Internet，并在现有的办公室和公司内部网络之间建立一条加密信道，如图 12-5 所示。

图 12-5   Access   VPN

公司往往制定一种"透明的访问策略"，即使员工在外地出差也能像公司总部办公室的员工那样自由地访问公司的资源。为了方便公司员工的使用，远程访问 VPN 的客户端应尽量简单，同时考虑加密、身份验证过滤等方法的使用。

12.5   VPN 的关键技术

目前，VPN 主要采用 4 项关键技术来保证安全，这 4 项关键技术分别是隧道技术（Tunneling）、加解密技术、密钥管理技术、用户与设备身份认证技术。

1．隧道技术

VPN 在公用网络中形成企业专用的链路，为了形成这样的链路，采用了所谓的隧道技术。隧道技术是 VPN 的基本技术，是数据包封装的技术，可以模仿点对点连接技术，依靠 Internet 服务提供商（ISP）和其他的网络服务提供商（NSP）在公用网络中建立自己专用的"隧道"，从而使数据包通过这条"隧道"传输。

隧道技术是一种使用互联网的基础设施在网络之间传递数据的方法。使用隧道传递的数据可以是其他协议的数据帧或数据包。隧道协议将其他协议的数据帧或数据包重新封装到一个新的 IP 数据包的数据体中，然后通过"隧道"发送。新的 IP 数据包的报头提供路由信息，以便通过互联网传递被封装的负载数据。当新的 IP 数据包到达"隧道"终点时，这个新的 IP 数据包被解除封装。

2．加解密技术

发送者在发送数据之前对数据进行加密，当数据到达接收者时由接收者对数据进行解密。

加密算法主要包括对称加密（单钥加密）算法和不对称加密（双钥加密）算法。对于对称加密算法，通信双方共享一个密钥，发送方使用该密钥将明文加密成密文，接收方使用相同的密钥将密文还原成明文。对称加密算法运算速度较快。

不对称加密算法是通信双方各使用两个不同的密钥，一个是只有发送方自己知道的密钥（私钥，秘密密钥），另一个则是与之对应的可以公开的密钥（公钥）。在通信过程中，发送方用接收方的公开密钥加密数据，并且可以用发送方的私钥对数据的某一部分或全部加密，进行数字签名。接收方接收到加密数据后，用自己的私钥解密数据，并使用发送方的公开密钥解密数字签名，验证发送方身份。

3. 密钥管理技术

密钥管理技术的主要任务是使密钥在公用网络上安全地传递而不被窃取。现行密钥管理技术可分为 SKIP 与 ISAKMP/OAKLEY 两种。

SKIP 利用 Diffie-Hellman 算法在网络上交换密钥；在 ISAKMP 中，双方都有两把密钥，分别作为公钥和私钥。

4. 用户与设备身份认证技术

用户与设备身份认证技术中，最常用的是用户名/口令、智能卡认证等认证技术。

12.6　VPN 隧道协议

VPN 隧道协议主要分为第二层隧道协议和第三层隧道协议。它们的本质区别在于用户的数据是被封装在不同层的数据包中在隧道中传输。第二层隧道协议先将各种网络协议封装到 PPP（点对点协议）中，再将整个数据包装入隧道协议中。这种双层封装方法形成的数据包依靠第二层协议进行传输。第二层隧道协议有 PPTP、L2F、L2TP 等。第三层隧道协议将各种网络协议直接装入隧道协议中，形成的数据包依靠第三层协议进行传输。第三层隧道协议有 IPSec、GRE 等。

（1）PPTP（点到点隧道协议）。PPTP 协议是由 Microsoft 公司设计的，用于将 PPP 分组通过 IP 网络进行封装传输。设计 PPTP 协议是为了满足公司内部员工异地办公的需求。PPTP 协议定义了一种 PPP 分组的封装机制，使用扩展的通用路由封装协议 GRE 进行封装，从而使 PPP 分组在 IP 网络上进行传输。PPTP 协议在逻辑上延伸了 PPP 会话，从而形成了虚拟的远程拨号。

（2）L2F（第二层转发）。L2F 协议是由 Cisco 公司提出的，可以在多种公用网络设施（如 ATM、帧中继、IP 网络）上建立多协议的安全虚拟专用网。它将链路层的协议（如 PPP、HDLC 等）封装起来传送，因此网络的链路层完全独立于用户的链路层协议。

（3）L2TP（第二层隧道协议）。L2TP 协议结合了 PPTP 协议和 L2F 协议的优点，以便扩展功能。其格式基于 L2F，信令基于 PPTP。L2TP 协议几乎能实现 PPTP 协议和 L2F 协议所能实现的所有功能，并且更加强大、灵活。L2TP 协议定义了利用公用网络设施（如 ATM、帧中继、IP 网络）封装传输链路层 PPP 帧的方法。

（4）IPSec（IP 安全）。IPSec 是在网络层提供通信安全的一组协议。在 IPSec 协议族中有两个主要的协议：认证报头（Authentication Header，AH）协议和封装安全负载（Encapsulating Security Payload，ESP）协议。

对于 AH 协议和 ESP 协议，源主机在向目的主机发送安全数据报之前，源主机和目的主机进行握手，并建立一个网络层逻辑连接，这个逻辑连接称为安全关联（Security Association，SA）。SA 是两个端点之间的单向连接，它有一个与之关联的安全标识符。如果需要使用双向的安全通信，则要求使用两个安全关联。

AH 协议：在发送数据包时，AH 报头插在原有 IP 报头和 TCP 报头之间。在 IP 报头的协议类型字段，值 51 用来表明数据包包含 AH 报头。当目的主机接收到带有 AH 报头的 IP 数据报后，它确定数据报的 SA，并验证数据报的完整性。AH 协议提供了身份认证和数据完整性校验功能，但是没有提供数据加密功能。

ESP 协议：采用 ESP 协议，源主机可以向目的主机发送安全数据报。安全数据报用 ESP 报头和 ESP 报尾封装原来的 IP 数据报，然后将封装后的数据插入一个新 IP 数据报的数据字段。对于这个新 IP 数据报的报头中的协议类型字段，值 50 用来表示数据报包含 ESP 报头和 ESP 报尾。ESP 协议提供了身份认证、数据完整性校验和数据加密功能。

（5）GRE（General Routing Encapsulation，通用路由封装）。GRE 协议规定了用一种网络层协议封装另一种网络层协议的方法。GRE 协议的隧道由两端的源 IP 地址和目的 IP 地址定义。GRE 协议只提供了数据包的封装，并没有加密功能来防止网络侦听和攻击。所以，在实际环境中 GRE 协议常和 IPSec 协议一起使用，由 IPSec 协议提供用户数据的加密，从而为用户提供更好的安全性。

（6）SSL（Security Socket Layer，安全套接层）。SSL 是由 Netscape 公司开发的一套 Internet 数据安全协议，并且内嵌在 IE 等浏览器中。SSL 协议已被广泛地用于 Web 浏览器与服务器之间的身份认证和加密数据传输。SSL 协议位于传输层和应用层之间的一个新层，它接受来自浏览器的请求，再将请求转送给 TCP 协议以便传输到服务器上。在 SSL 中使用的 HTTP 被称为 HTTPS（安全的 HTTP，使用 443 端口，而非 80 端口）。SSL 协议包括两个子协议：SSL 记录协议和 SSL 握手协议。SSL 记录协议建立在可靠的传输协议（如 TCP 协议）之上，为高层协议提供数据封装、压缩、加密等基本功能的支持。SSL 握手协议建立在 SSL 记录协议之上，用于在实际的数据传输开始前，通信双方进行身份认证、协商加密算法、交换加密密钥等。

12.7　本章实训

12.7.1　实训 1：部署一台基本的 VPN 服务器

1．**实训目标**

部署一台基本的 VPN 服务器，使 VPN 客户机能够通过 VPN 连接到 VPN 服务器，从而访问服务器指定的内容。

2．**完成实训所需的设备和软件**

（1）安装 Windows Server 2008 操作系统的双网卡服务器 1 台。

（2）安装 Window 7 操作系统的客户机 1 台。

（3）交换机 1 台，直通线 2 根。

3．**网络拓扑结构**

为了完成本次实训，搭建如图 12-6 所示的网络拓扑结构。

图 12-6　网络拓扑结构

4．**实施步骤**

（1）硬件连接。

用两根直通线分别把服务器（连接外网的网卡）和客户机连接到交换机上。

（2）配置 TCP/IP 协议。

步骤 1：配置服务器连接外部网络的网卡 1 的 IP 地址为 192.168.1.10，子网掩码为 255.255.255.0，连接内部网络的网卡 2 的 IP 地址为 192.168.3.10，子网掩码为 255.255.255.0；配置客户机的 IP 地址为 192.168.1.20，子网掩码为 255.255.255.0。

步骤 2：在服务器和客户机之间用 ping 命令测试网络的联通性。

（3）安装"路由和远程访问服务"角色服务。

"路由和远程访问服务"角色服务包含在"网络策略和访问服务"角色中。

步骤 1：在安装 Windows Server 2008 操作系统的服务器上，选择"开始"→"管理工具"→"服务器管理器"命令，打开"服务器管理器"窗口，选择左窗格中的"角色"选项，单击右窗格中的"添加角色"。

步骤 2：在打开的"添加角色向导"对话框中有相关说明和注意事项，单击"下一步"按钮，出现"选择服务器角色"界面，如图 12-7 所示，选中"网络策略和访问服务"复选框。

步骤 3：单击"下一步"按钮，出现"网络策略和访问服务"界面，可查看选择"网络策略和访问服务"与相关注意事项。

步骤 4：单击"下一步"按钮，出现"选择角色服务"界面，选中"路由和远程访问服务"复选框，如图 12-8 所示。

步骤 5：单击"下一步"按钮，出现"确认安装选择"界面，确认选择的角色服务无误后单击"安装"按钮，安装完成后单击"关闭"按钮。

图 12-7   "选择服务器角色"界面

图 12-8   "选择角色服务"界面

（4）配置并启用路由和远程访问。

步骤 1：选择"开始"→"管理工具"→"路由和远程访问"命令，打开"路由和远程访问"窗口，如图 12-9 所示。

步骤 2：右击"SERVER"，在弹出的快捷菜单中选择"配置并启用路由和远程访问"命令，打开"路由和远程访问服务器安装向导"对话框。

步骤 3：单击"下一步"按钮，出现"配置"界面，如图 12-10 所示，选中"远程访问（拨号或 VPN）"单选按钮。

图 12-9　"路由和远程访问"窗口

图 12-10　"配置"界面

步骤 4：单击"下一步"按钮，出现"远程访问"界面，选中"VPN"复选框。

步骤 5：单击"下一步"按钮，出现"VPN 连接"界面，如图 12-11 所示，选择 VPN 接入端口（即连接外部网络的网卡），在这里选择 IP 地址为"192.168.1.10"的本地连接。

图 12-11　"VPN 连接"界面

步骤 6：单击"下一步"按钮，出现"IP 地址分配"界面，选择对远程客户端分配 IP 地址的方法，这里选中"来自一个指定的地址范围"单选按钮，如图 12-12 所示。

图 12-12 "IP 地址分配"界面

步骤 7：单击"下一步"按钮，出现"地址范围分配"界面，单击"新建"按钮，在打开的"新建 IPv4 地址范围"对话框中输入"起始 IP 地址"为"192.168.3.100"，"结束 IP 地址"为"192.168.3.199"，共 100 个地址，如图 12-13 所示。

图 12-13 "新建 IPv4 地址范围"对话框

步骤 8：单击"确定"按钮，返回"地址范围分配"界面。再单击"下一步"按钮，出现"管理多个远程访问服务器"界面，选中"否，使用路由和远程访问来对连接请求进行身份验证"单选按钮。

步骤 9：单击"下一步"按钮，再单击"完成"按钮，在弹出的关于需要配置 DHCP 中继代理程序的对话框中，单击"确定"按钮。

（5）创建 VPN 接入用户。

VPN 服务配置完成后，还需要在 VPN 服务器上创建 VPN 接入用户。

步骤 1：选择"开始"→"管理工具"→"计算机管理"命令，打开"计算机管理"窗口，依次展开"系统工具"→"本地用户和组"→"用户"选项，在右窗格的空白处右击，在弹出的快捷菜单中选择"新用户"命令。

步骤 2：在打开的"新用户"对话框中，输入"用户名"（如"VPNtest"）和"密码"（如"p@ssword1"），并选中下方的"用户不能更改密码"和"密码永不过期"复选框，如图 12-14

所示。

步骤 3：单击"创建"按钮，再单击"关闭"按钮，完成新用户"VPNtest"的创建。

步骤 4：在"计算机管理"窗口的右侧窗格中，右击刚刚创建的新用户"VPNtest"，在弹出的快捷菜单中选择"属性"命令，打开"VPNtest 属性"对话框，如图 12-15 所示。

图 12-14　"新用户"对话框　　　图 12-15　设置"网络访问权限"为"允许访问"

步骤 5：在"拨入"选项卡中，选中"允许访问"单选按钮后，单击"确定"按钮。

12.7.2　实训 2：在客户端建立并测试 VPN 连接

1．实训目标

能正确配置 VPN 客户端，建立并测试 VPN 连接。

2．实施步骤

（1）设置 VPN 客户端。

假设客户机上安装的是 Windows 7 操作系统。

步骤 1：在客户机上，选择桌面右下角的"网络"→"打开网络和共享中心"，打开"网络和共享中心"窗口。

步骤 2：单击"设置新的连接或网络"，打开"设置连接或网络"对话框，选择"连接到工作区"选项，如图 12-16 所示。

图 12-16　"设置连接或网络"对话框

步骤 3：单击"下一步"按钮，出现"您想如何连接"界面，如图 12-17 所示，选择"使用我的 Internet 连接（VPN）"选项。

图 12-17　"您想如何连接"界面

步骤 4：接着出现"您想在继续之前设置 Internet 连接吗"界面，在该界面中设置 Internet 连接，由于本实例 VPN 服务器和 VPN 客户机是物理直接连接在一起的，所以选择"我将稍后设置 Internet 连接"选项，如图 12-18 所示。

步骤 5：然后出现"键入要连接的 Internet 地址"界面，如图 12-19 所示，在"Internet 地址"文本框中输入 VPN 服务器的外网网卡 IP 地址"192.168.1.10"，并设置"目标名称"为"VPN连接"。

图 12-18　"您想在继续之前设置 Internet 连接吗"界面

图 12-19　"键入要连接的 Internet 地址"界面

步骤 6：单击"下一步"按钮，出现"键入您的用户名和密码"界面，如图 12-20 所示，在"用户名"文本框中输入"VPNtest"，在"密码"文本框中输入"p@ssword1"。

图 12-20　"键入您的用户名和密码"界面

步骤 7：单击"创建"按钮，出现"连接已经可以使用"界面，单击"关闭"按钮，完成 VPN 连接的创建。

（2）连接到 VPN 服务器。

步骤 1：选择桌面右下角的"网络"→"打开网络和共享中心"→"更改适配器设置"，打开"网络连接"窗口。

步骤 2：双击"VPN 连接"图标（已断开连接），打开"连接 VPN 连接"对话框，如图 12-21 所示，在"用户名"文本框中输入"VPNtest"，在"密码"文本框中输入"p@ssword1"，单击"连接"按钮，经过身份验证后即可连接到 VPN 服务器，在图 12-22 所示的"网络连接"窗口中可以看到"VPN 连接"的状态是连接的。

图 12-21　"连接 VPN 连接"对话框

图 12-22　已经连接到 VPN 服务器

（3）验证 VPN 连接。

当 VPN 客户端连接到 VPN 服务器后，就可以访问内部网络中的共享资源。

① 查看 VPN 客户端获取到的 IP 地址。

步骤 1：在 VPN 客户端计算机上运行"ipconfig/all"命令，查看 IP 地址信息，如图 12-23 所示，可以看到 VPN 连接获取到的 IP 地址为"192.168.3.101"。

步骤 2：依次输入命令"ping 192.168.3.10"和"ping 192.168.3.20"，测试 VPN 客户端计算机与 VPN 服务器以及内部网络计算机的联通性，如图 12-24 所示，显示能联通。

图 12-23　查看 VPN 连接获取到的 IP 地址

图 12-24　测试 VPN 连接

② 在 VPN 服务器上进行验证。

步骤 1：在 VPN 服务器上打开"路由和远程访问"窗口，如图 12-25 所示，展开"SERVER"
节点，选择"远程访问客户端"选项，在右侧窗格中显示 VPN 连接时间以及连接的账户，这
表明已经有一个客户建立了 VPN 连接。

步骤 2：选择"端口"选项，在右侧窗格中可以看到其中一个端口的状态是"活动"，如
图 12-26 所示，表明有客户端连接到 VPN 服务器。

步骤 3：右击该活动端口，在弹出的快捷菜单中选择"状态"命令，打开"端口状态"对
话框，如图 12-27 所示，在该对话框中显示了连接时间、用户以及分配给 VPN 客户端计算机
的 IP 地址等信息。

图 12-25　查看"远程访问客户端"

图 12-26　查看"端口"状态

图 12-27　"端口状态"对话框

③ 断开 VPN 连接。

步骤 1：在 VPN 服务器的"路由和远程访问"窗口中，依次展开"SERVER"节点和"远程访问客户端（1）"节点，在右侧窗格中显示了已连接的 VPN 连接。

步骤 2：右击已连接的 VPN 连接，在弹出的快捷菜单中选择"断开"命令即可断开客户端计算机的 VPN 连接。也可以在 VPN 客户端计算机的"网络连接"窗口中右击"VPN 连接"图标，在弹出的快捷菜单中选择"断开"命令即可断开 VPN 连接。

12.8　本章习题

一、选择题

1. VPN 主要采用 4 项技术来保证安全，这 4 项技术分别是_____、加解密技术、密钥管理技术、用户与设备身份认证技术。

  A．隧道技术   B．代理技术   C．防火墙技术   D．端口映射技术

2. 关于 VPN 的描述，错误的是_____。

  A．VPN 的本质是利用公网的资源构建企业的内部私网

  B．VPN 技术的关键在于隧道的建立

  C．GRE 是第三层隧道封装技术，把用户的 TCP/UDP 数据包直接加上公网的 IP 报头发送到公网中去

  D．L2TP 是第二层隧道技术，可以用来构建 VPDN（Virtual Private Dial Network）

3. IPSec 是_____VPN 协议标准。

  A．第一层   B．第二层   C．第三层   D．第四层

4. IPSec 在任何通信开始之前，要在两个 VPN 节点或网关之间协商建立_____。

  A．IP 地址   B．协议类型   C．端口   D．安全关联（SA）

5. 关于 IPSec 的描述，错误的是_____。

  A．主要协议是 AH 协议与 ESP 协议   B．AH 协议保证数据完整性

  C．只使用 TCP 作为传输层协议   D．将互联层改造为有逻辑连接的层

6. 为了避免第三方偷看 WWW 浏览器与服务器交互的敏感信息，通常需要_____。

  A．采用 SSL 技术   B．在浏览器中加载数字证书

  C．采用数字签名技术   D．将服务器放入可信站点区

二、填空题

1. VPN 是实现在_____网络上构建的虚拟专用网。

2. _____指的是利用一种网络协议传输另一种网络协议，也就是对原始网络信息进行再次封装，并在两个端点之间通过公共互联网络进行路由，从而保证网络信息传输的安全性。

三、简答题

1. 什么是 VPN？它有何特点？

2. 简述 VPN 的处理过程。

3. VPN 可分为哪 3 种类型？

4. VPN 的关键技术包括哪些？

5. 什么是隧道技术？VPN 隧道协议主要有哪些？

四、实践操作题

建立一个 VPN 连接到单位内部网，用户名为 test，密码为 test。

网络模拟软件 Cisco Packet Tracer 的 使用方法

Packet Tracer 是由 Cisco 公司发布的一个辅助学习工具，为学习 Cisco 网络课程（如 CCNA）的用户设计、配置网络和排除网络故障提供了网络模拟环境。用户可以在该软件提供的图形界面上直接使用拖曳方法建立网络拓扑，并通过图形接口配置该拓扑中的各个设备。Cisco Packet Tracer 可以提供数据包在网络中传输的详细处理过程，从而使用户能够观察网络的实时运行情况。相对于其他的网络模拟软件，Cisco Packet Tracer 操作简单，更人性化，对网络设备（Cisco 设备）的初学者有很大的帮助。

1. 安装并运行 Cisco Packet Tracer

在 Windows 操作系统中安装 Cisco Packet Tracer 的方法与安装其他软件基本相同，这里不再赘述。运行该软件后可以看到如附图 1 所示的主界面，附表 1 对 Cisco Packet Tracer 主界面的各个组成部分进行了说明。

附图 1　Cisco Packet Tracer 主界面

附表 1　对 Cisco Packet Tracer 主界面各个组成部分的说明

序号	名　称	功　能
①	菜单栏	此栏中有文件、编辑、选项、查看、工具、扩展等菜单项，在此可以找到一些基本的命令，如打开、保存、打印等
②	主工具栏	此栏提供了菜单栏中部分命令的快捷方式，还可以单击右边的网络信息按钮，为当前网络添加说明信息
③	逻辑/物理工作区转换栏	可以通过此栏中的按钮完成逻辑工作区和物理工作区之间的转换
④	工作区	在此区域可以创建网络拓扑，监视模拟过程，查看各种信息和统计数据
⑤	常用工具栏	此栏提供了常用的工作区工具，包括选择、整体移动、备注、删除、查看、添加简单数据包和添加复杂数据包等
⑥	实时/模拟转换栏	可以通过此栏中的按钮完成实时模式和模拟模式之间的转换
⑦	设备类型库	在这里可以选择不同的设备类型，如路由器、交换机、集线器、无线设备、线缆、终端设备等
⑧	特定设备库	在这里可以选择同一设备类型中不同型号的设备，它随设备类型库的选择级联显示
⑨	用户数据包窗口	用于管理用户添加的数据包

2．建立网络拓扑

可在 Cisco Packet Tracer 的工作区建立所要模拟的网络环境，操作方法如下。

（1）添加设备。

如果要在工作区中添加一台 Cisco 2811 路由器，首先应在设备类型库中选择路由器，然后在特定设备库中单击 Cisco 2811 路由器，再在工作区中单击一下就可以把 Cisco 2811 路由器添加到工作区。可以用相同的方式添加一台 Cisco 2960 交换机和两台计算机。

注意　可以按住 Ctrl 键再单击相应设备以连续添加设备，可以利用鼠标拖曳改变设备在工作区中的位置。

（2）选取合适的线型正确连接设备。

可以根据设备间的不同接口选择特定的线型来连接，如果只是想快速建立网络拓扑而不考虑线型选择时可以选择自动连线。使用直通线完成计算机与 Cisco 2960 交换机连接的操作步骤如下。

步骤 1：在设备类型库中选择线缆，在特定设备库中单击直通线。

步骤 2：在工作区中单击 Cisco 2960 交换机，此时将出现交换机的接口选择列表，选择所要连接的交换机接口。

步骤 3：在工作区中单击所要连接的计算机，此时将出现计算机的接口选择列表，选择所要连接的计算机接口，完成连接。

使用相同的方法可以完成其他设备间的连接，如附图 2 所示。

在完成连接后可以看到各链路两端有不同颜色的圆点，其表示的含义如附表 2 所示。

附图2　建立网络拓扑

附表2　链路两端不同颜色圆点的含义

圆 点 状 态	含　　义
亮绿色	物理连接准备就绪，还没有 Line Protocol Status 的指示
闪烁的绿色	连接激活
红色	不能进行物理连接，没有信号
黄色	交换机端口处于"阻塞"状态

3. 配置网络中的设备

（1）配置网络设备。

在 Cisco Packet Tracer 中，配置路由器与交换机等网络设备的操作方法基本相同。如果要对附图2所示网络拓扑中的 Cisco 2811 路由器进行配置，可在工作区单击该设备图标，打开路由器配置窗口，该窗口共有3个选项卡，分别为"物理"、"配置"和"命令行"。

① 配置"物理"选项卡。

路由器配置窗口的"物理"选项卡主要用于添加路由器的端口模块，如附图3所示。Cisco 2811 路由器采用模块化结构，如果要为该路由器添加模块，应先将路由器电源关闭（在"物理"选项卡所示的物理设备视图中单击电源开关即可），然后在左侧的模块中选择要添加的模块类型，此时在右下方会出现该模块的示意图，用鼠标将模块拖动到物理设备视图中显示的可用插槽上即可。至于各模块的详细信息，请参考附图3中左下方的相关帮助信息。

附图 3　"物理"选项卡

② 配置"配置"选项卡。

"配置"选项卡主要提供了简单配置路由器的图形化界面，如附图 4 所示。在该选项卡中可以对全局信息、路由功能、交换功能和接口等进行配置。当进行某项配置时，在选项卡下方会显示相应的 IOS 命令。这是 Cisco Packet Tracer 的快速配置方式，主要用于简单配置，在实际设备中没有这样的配置方式。

附图 4　"配置"选项卡

③ 配置"命令行"选项卡。

"命令行"选项卡是在命令行模式下对路由器进行配置，这种模式和实际路由器的配置环境相似，如附图 5 所示。

附图 5　"命令行"选项卡

（2）配置计算机。

如果要对附图 2 所示网络拓扑中的计算机进行配置，可在工作区单击相应图标，打开计算机配置窗口。该窗口包括 3 个选项卡，分别为"物理"、"配置"和"桌面"。其中，"物理"和"配置"选项卡的作用与路由器相同，这里不再赘述。计算机的"桌面"选项卡如附图 6 所示，其中的"IP 配置"选项可以完成 IP 地址信息的设置，"终端"选项可以模拟一个超级终端对路由器或交换机进行配置，"命令提示符"选项相当于 Windows 操作系统中的命令提示符窗口。

附图 6　计算机的"桌面"选项卡

例如，如果在附图 2 所示的网络拓扑中将两台计算机的 IP 地址分别设为 192.168.1.1/24 和 192.168.1.2/24，那么就可以在两台计算机的"桌面"选项卡中选择"命令提示符"选项，然后使用 ping 命令测试其联通性。

4．测试联通性并跟踪数据包

如果在附图 2 所示的网络拓扑中，要测试两台计算机之间的联通性，并跟踪和查看数据包的传输情况，那么可以在"实时"模式中，在常用工具栏中单击"添加简单数据包"按钮，然后在工作区中分别单击两台计算机，此时将在两台计算机之间传输一个数据包，在"用户数据包"窗口中会显示该数据包的传输情况，如附图 7 所示。其中，如果"Last Status"的状态是"成功"，则说明两台计算机之间的链路是通的。

Fire	Last Status	Source	Destination	Type	Color	Time (sec)	Periodic	Num	Edit	Delete
●	成功	主机0	主机1	ICMP		0.000	N	0	(编辑)	(删除)

附图 7　数据包的传输情况

如果要跟踪该数据包，可在实时/模拟转换栏中选择"模拟"模式，打开"模拟面板"对话框，如果单击"捕获/转发"按钮，则将产生一系列事件，这些事件将说明数据包的传输路径，如附图 8 所示。

附图 8　"模拟面板"对话框

另外，在"模拟"模式中，在工作区的设备图标上会显示添加的数据包，如附图 9 所示。单击该数据包会打开"PDU Information at Device:主机 1"对话框，如附图 10 所示。在该对话框中可以看到数据包进出设备时在 OSI 参考模型上的变化情况，在"进站 PDU 详细数据"和"出站 PDU 详细数据"选项卡中也可以看到数据包或帧格式的变化情况，这有助于对数据包进行更细致的分析。

附图 9　在设备图标上添加的数据包　　　附图 10　"PDU Information at Device:主机 1"对话框

注 意　由于篇幅有限，上面只介绍了 Cisco Packet Tracer 的基本使用方法，更详细的使用方法请参考相关的技术手册。

参考文献

［1］黄林国. 计算机网络技术项目化教程[M]. 2 版. 北京：清华大学出版社，2016.

［2］于鹏. 计算机网络技术项目教程（计算机网络管理员级）[M]. 北京：清华大学出版社，2014.

［3］张晖. 计算机网络项目实训教程[M]. 北京：清华大学出版社，2014.

［4］张庆力. Windows Server 2008 教程[M]. 北京：电子工业出版社，2012.

［5］谢昌荣. 计算机网络技术项目化教程[M]. 北京：清华大学出版社，2011.

［6］褚建立. 计算机网络技术实用教程[M]. 北京：清华大学出版社，2009.

［7］邵慧莹. 计算机网络技术项目实训教程[M]. 北京：电子工业出版社，2009.

［8］周苏. 信息安全技术[M]. 北京：中国铁道出版社，2009.